빛깔있는 책들 276

전주한옥마을

글 | 이병천, 채병선, 최상철 · 사진 | 이흥재, 조영호

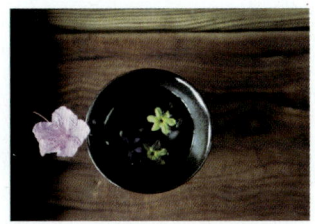

대원사

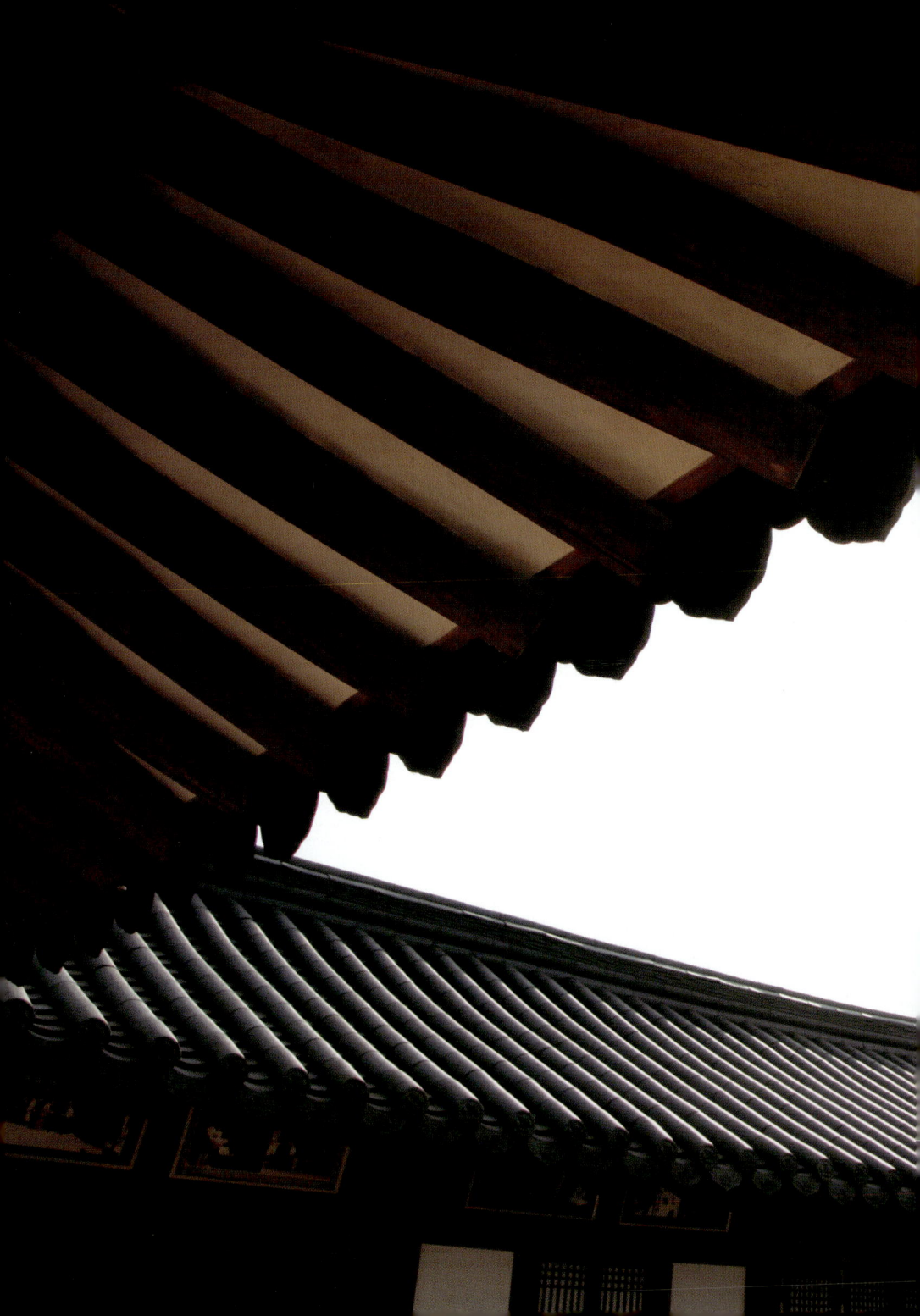

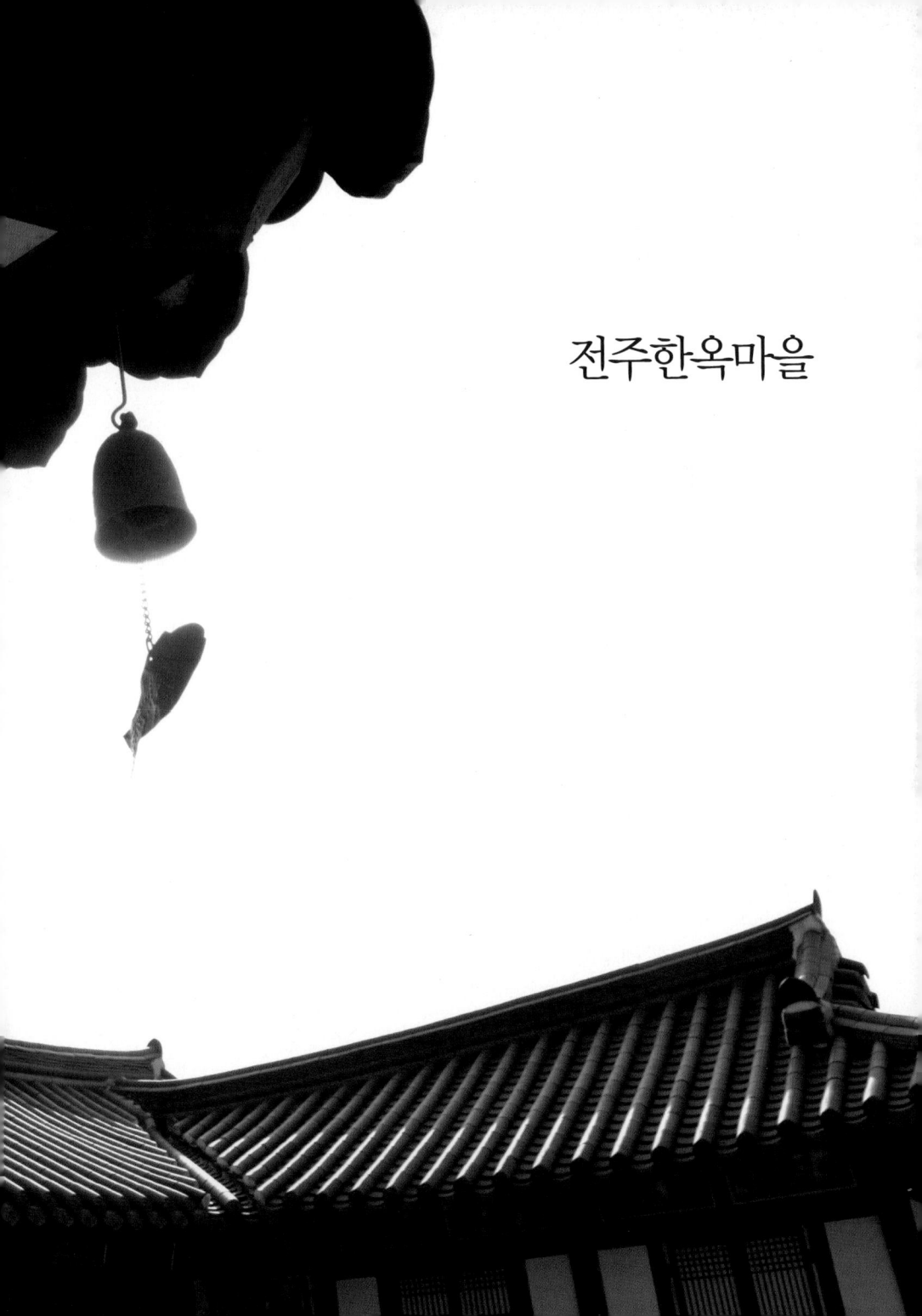

전주한옥마을

저자 소개

이병천(소설가 · 전주MBC 편성제작국 PD)
『전주한옥마을』의 글을 주도적으로 썼다. 소설가이며 오랜 동안 전주에 살면서 언론인 특유의 필력을 발휘해 한옥마을에 많은 애정을 갖고 글을 써오고 있다.

채병선(전북대학교 공과대학 도시공학과 교수)
『전주한옥마을』에서 전문적인 분야에 대해 글을 썼으며, 한옥마을 일부 사진을 제공하였다.

최상철(건축사사무소 연백당 대표 건축사)
『전주한옥마을』에서 건축전문가적인 시각으로 '전주한옥마을의 환경과 변화'에 대해 글을 썼다.

이흥재(전북도립미술관장 · 사진가)
『전주한옥마을』에서 전반적인 사진을 담당하였으며, '전주한옥마을'의 사계절 속에 스민 일상 생활을 카메라에 담는 작업을 계속 해오고 있다.

조영호(전주시 한스타일관광과 관광마케팅 팀장)
『전주한옥마을』에서 전주한옥마을 문화, 홍보, 행사에 관련된 사진을 찍고 제공하였다.

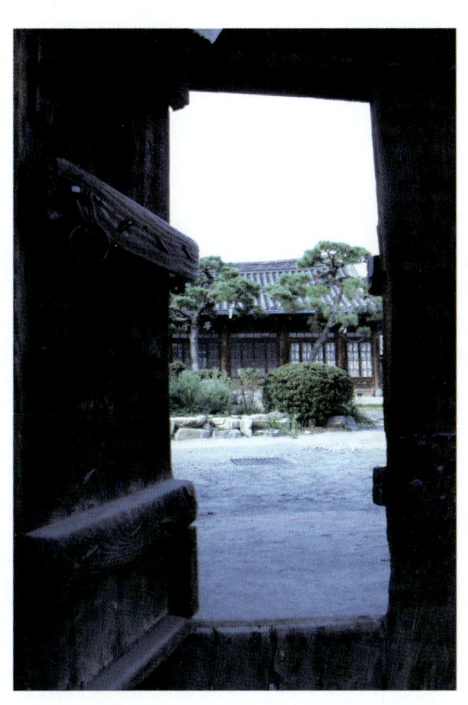

차 례

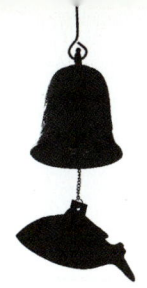

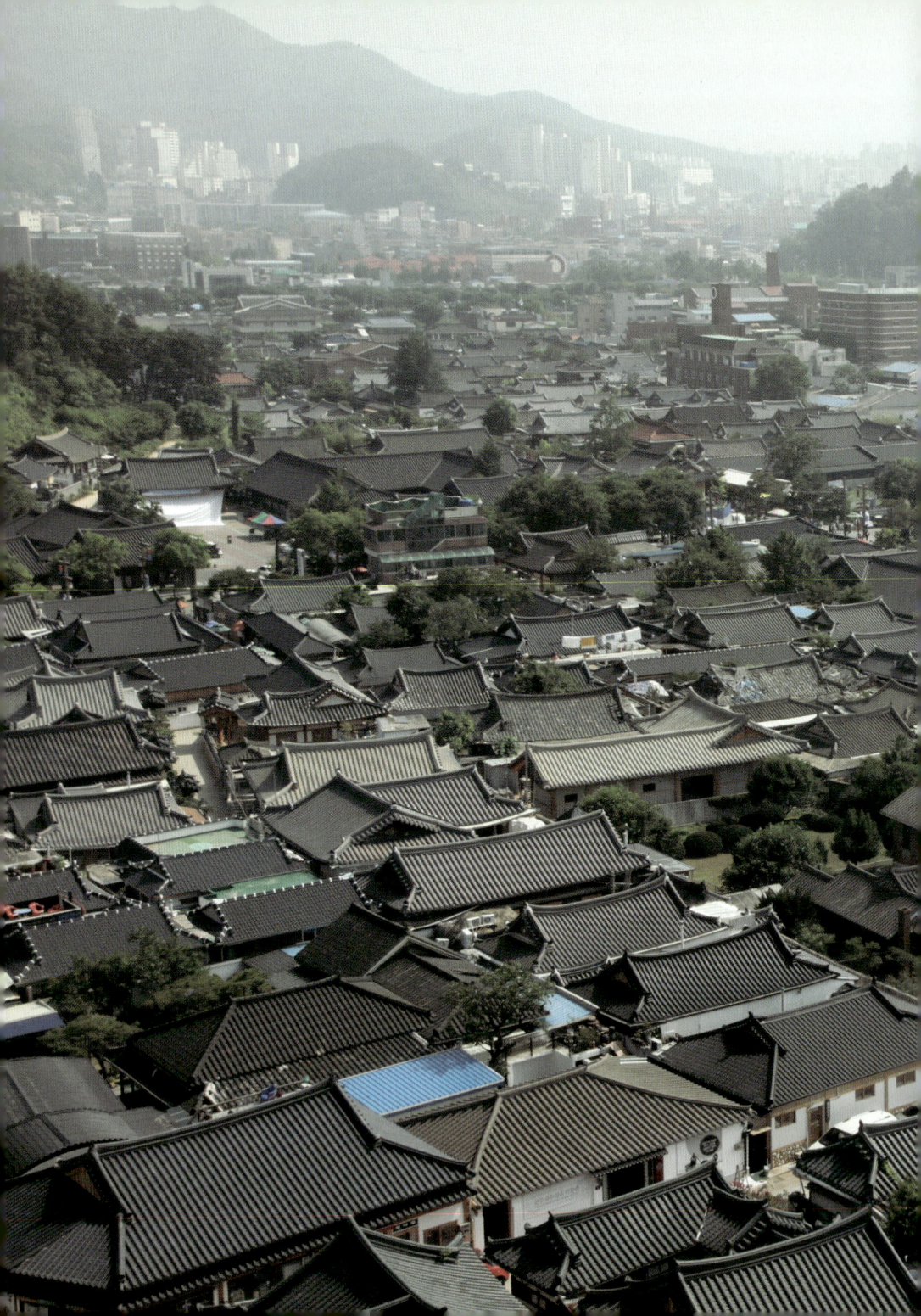

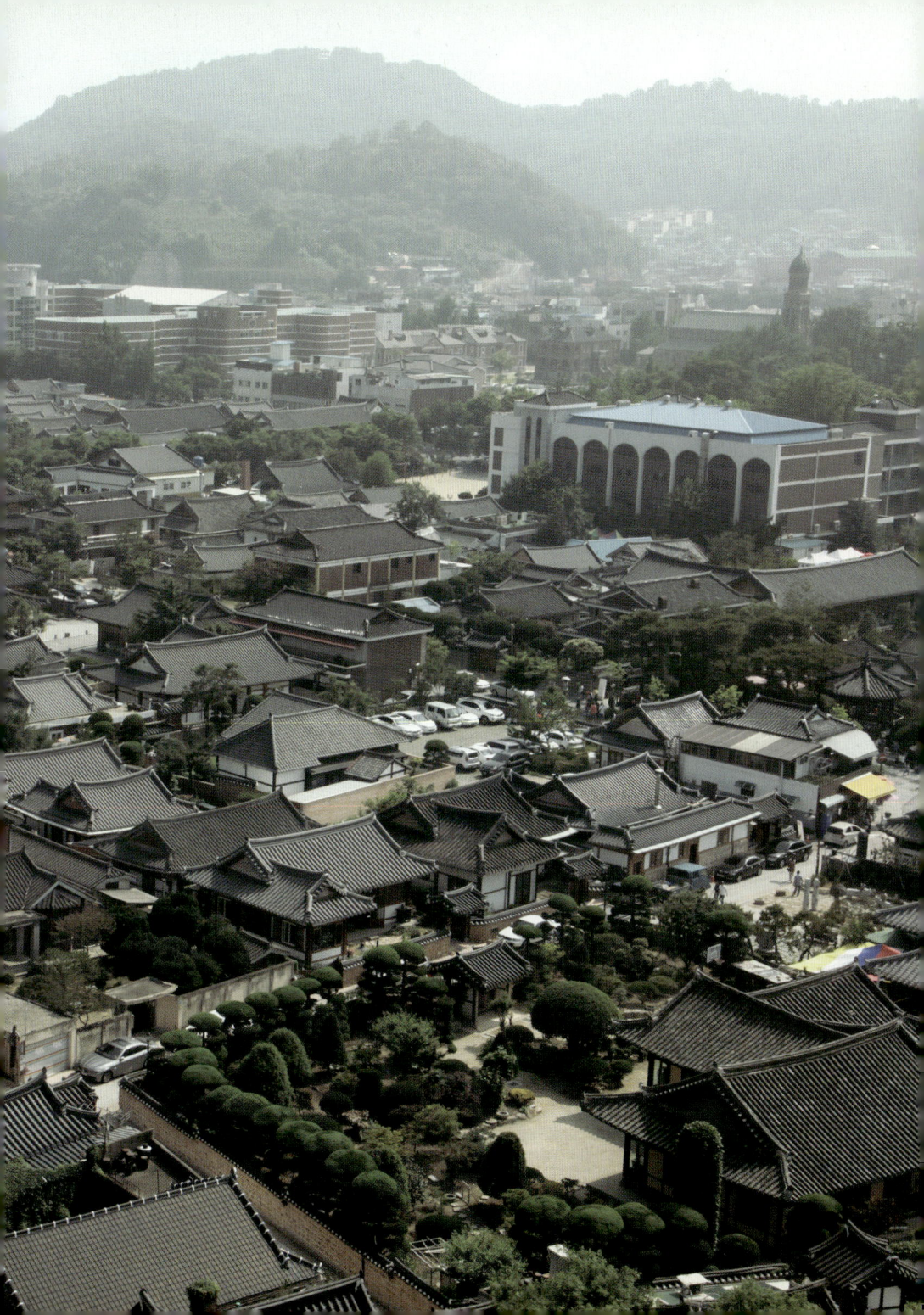

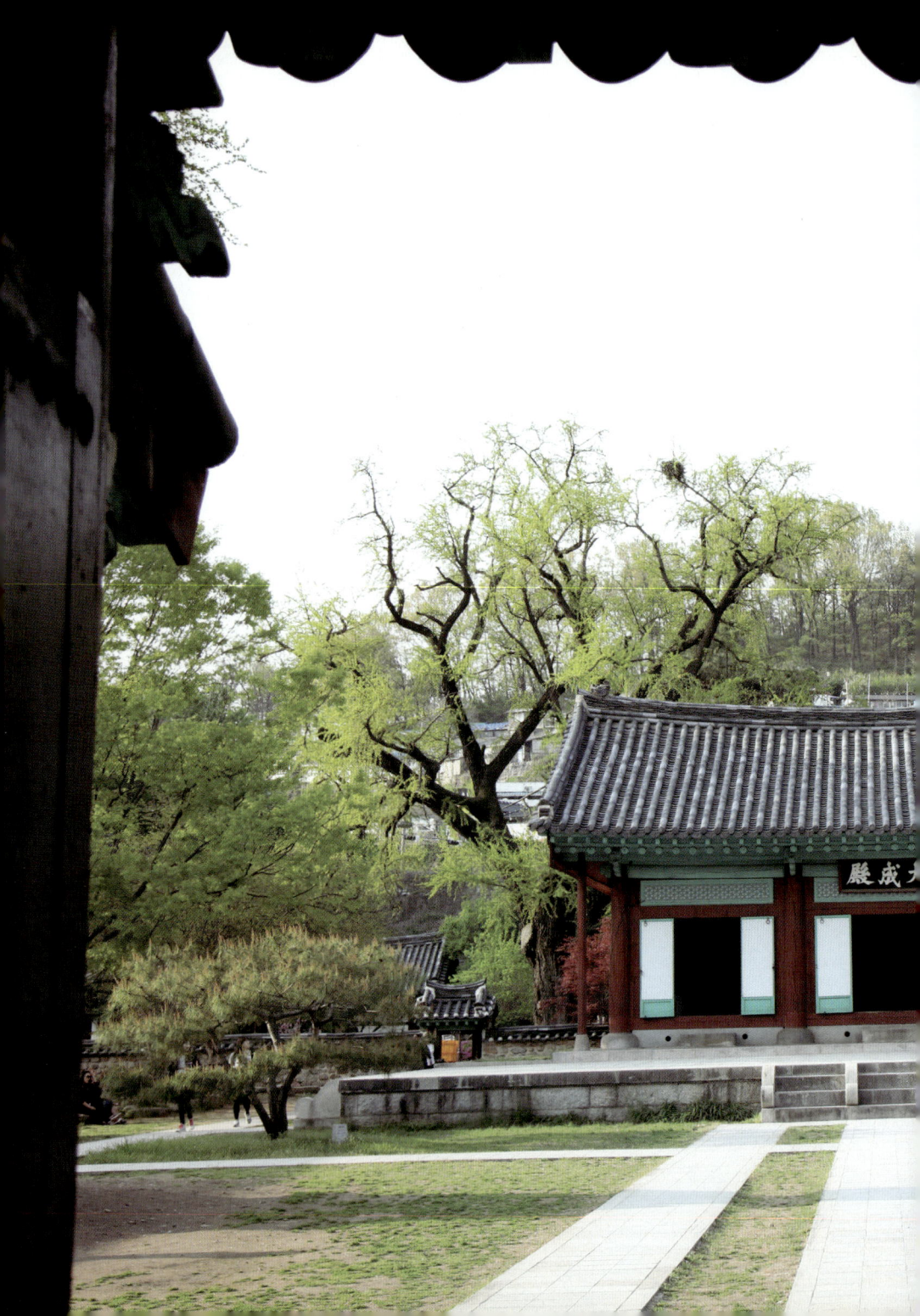

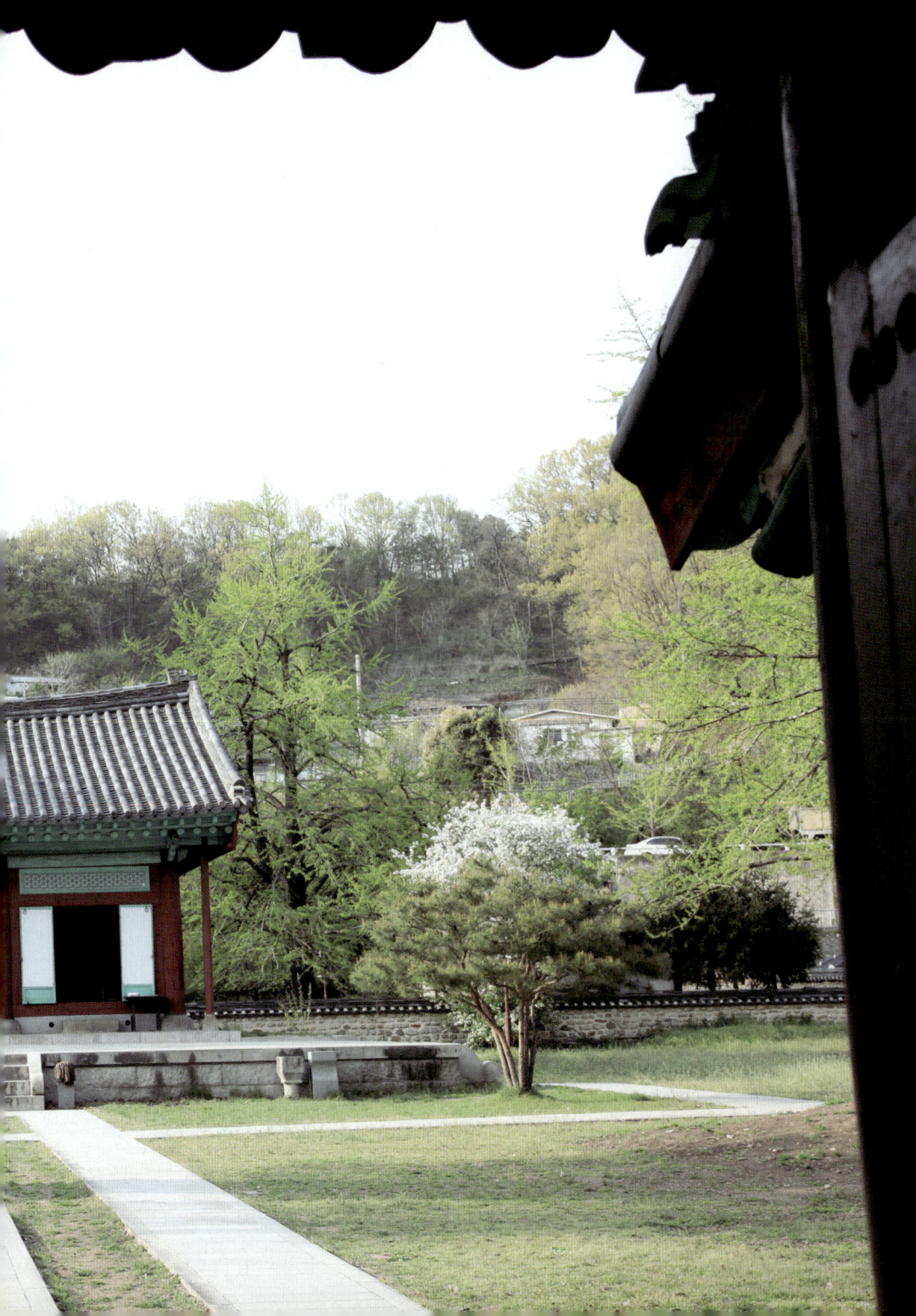

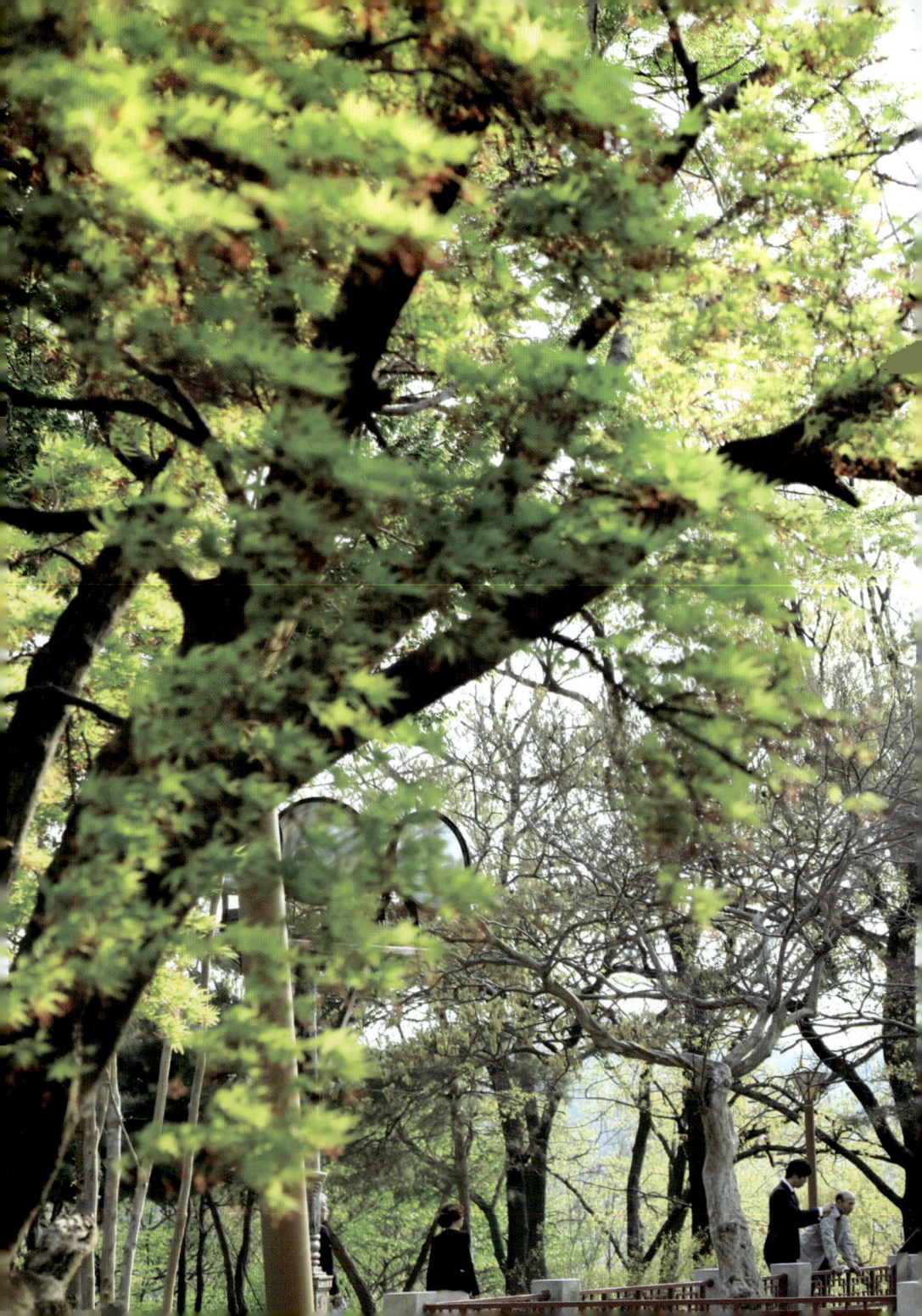

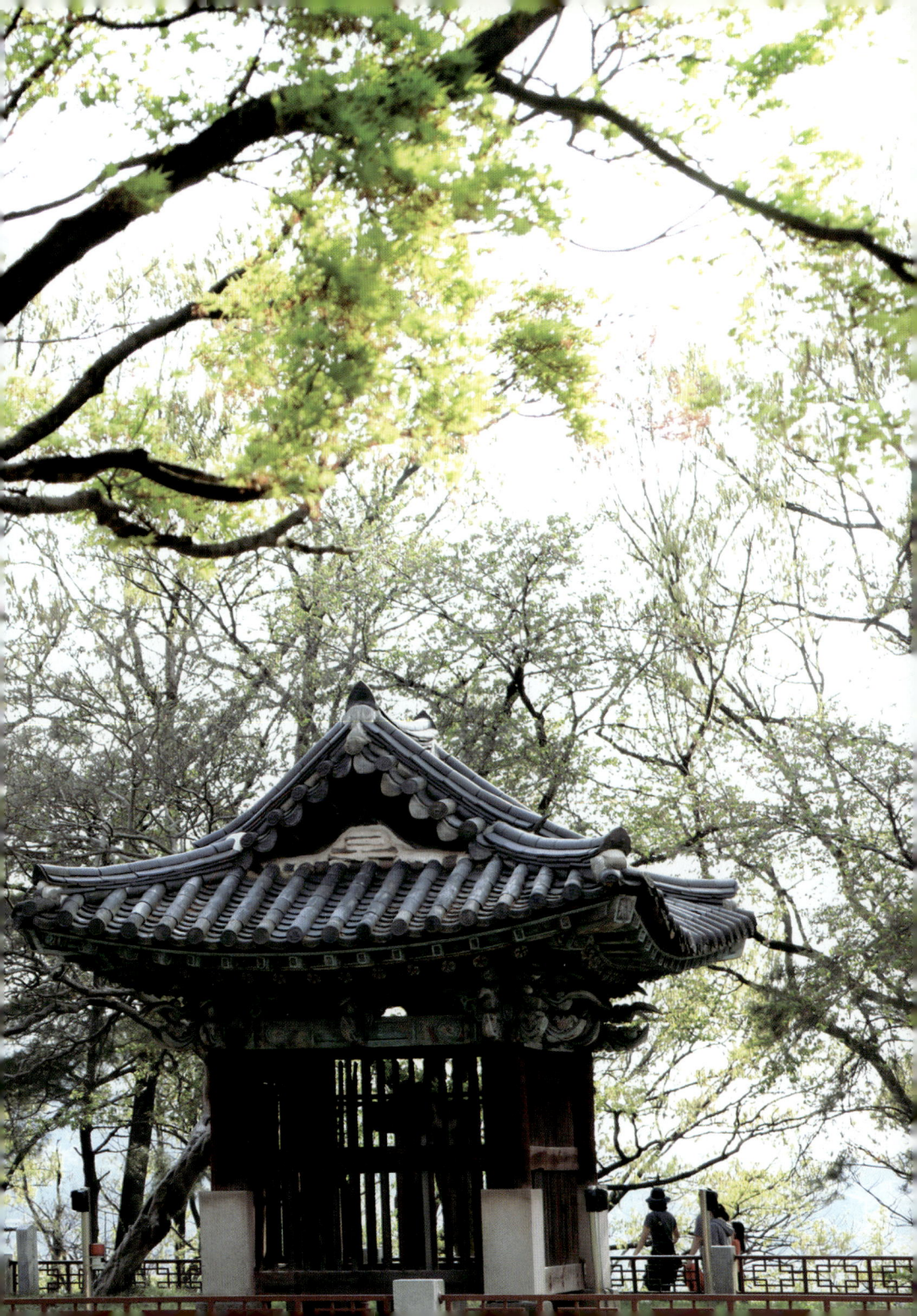

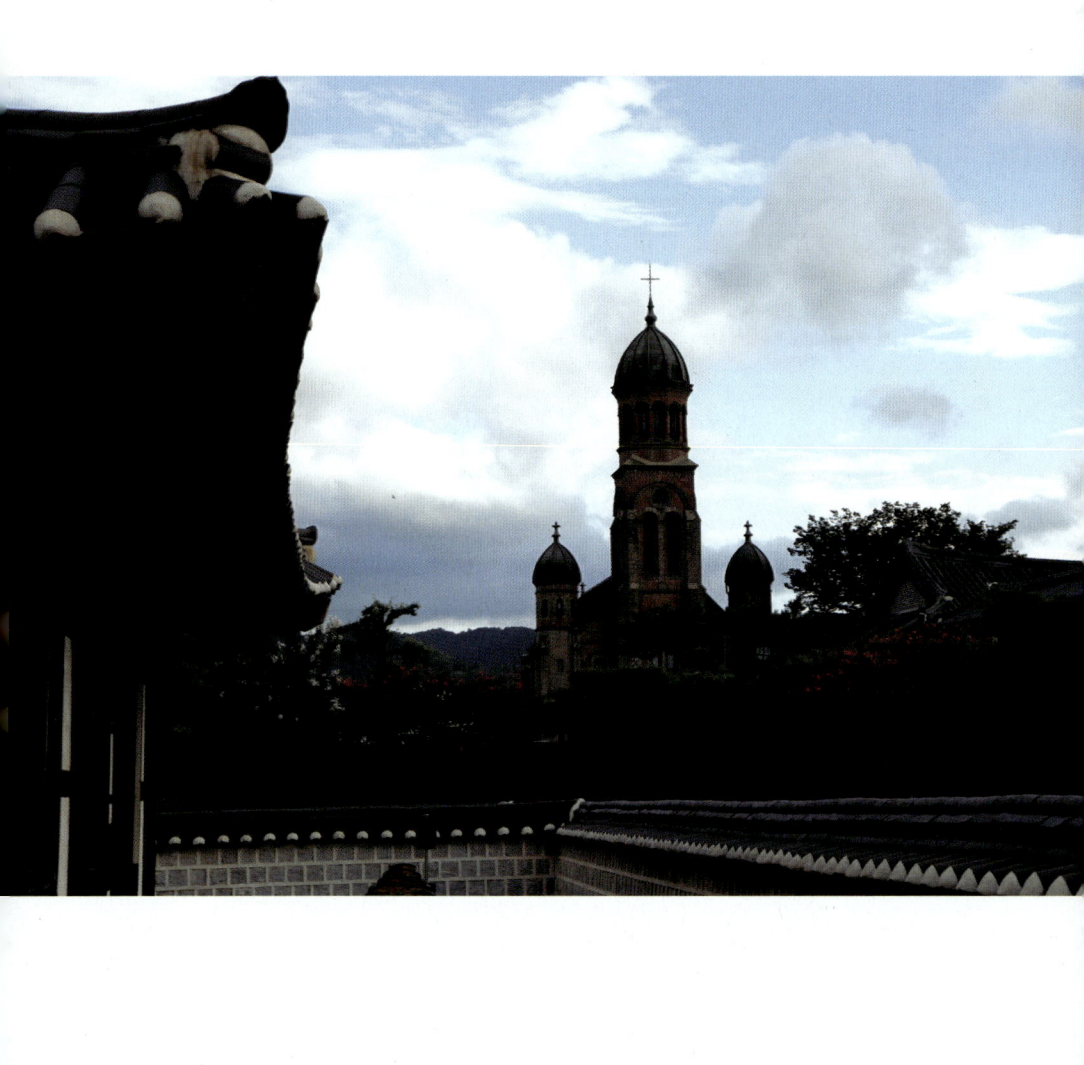

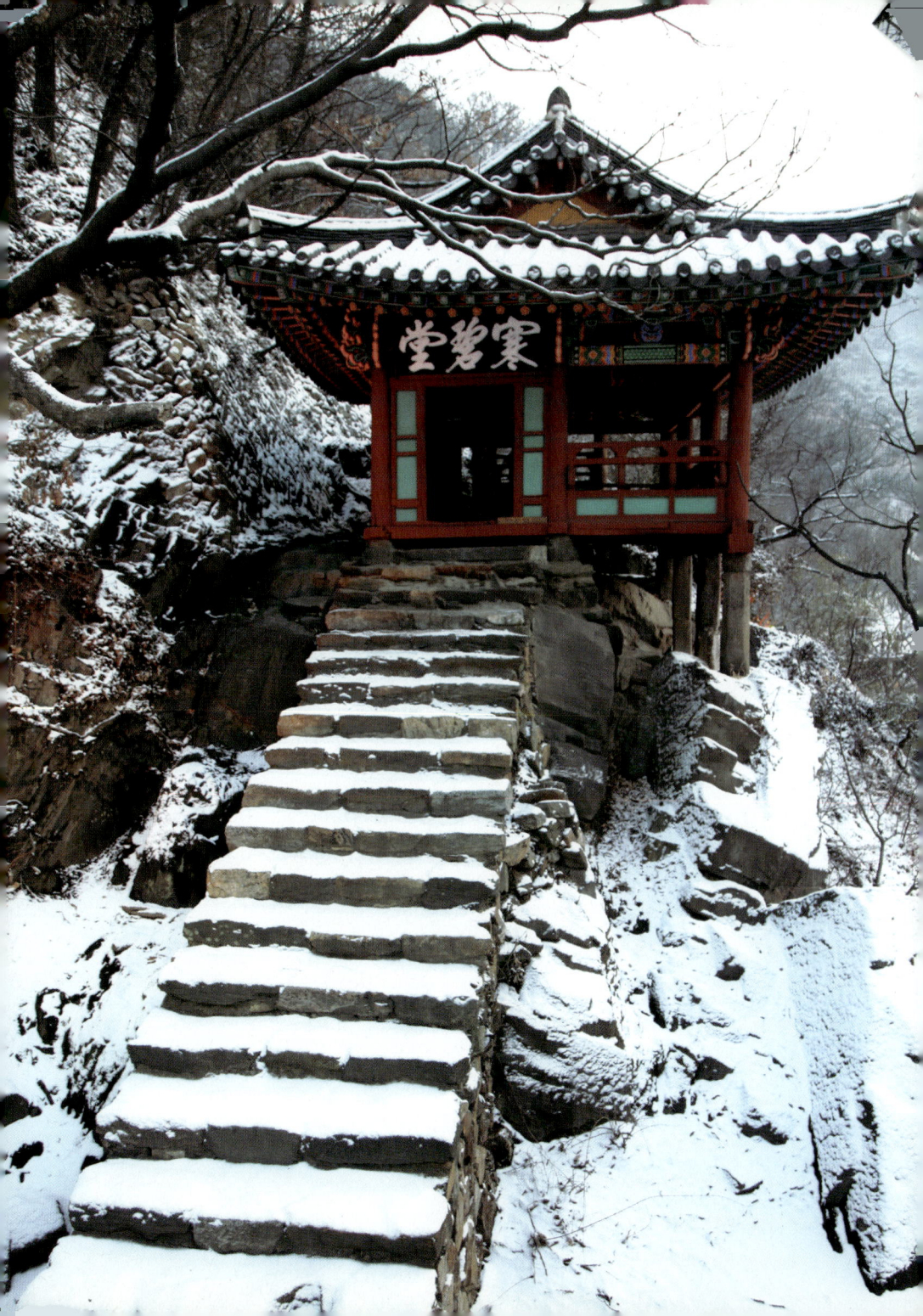

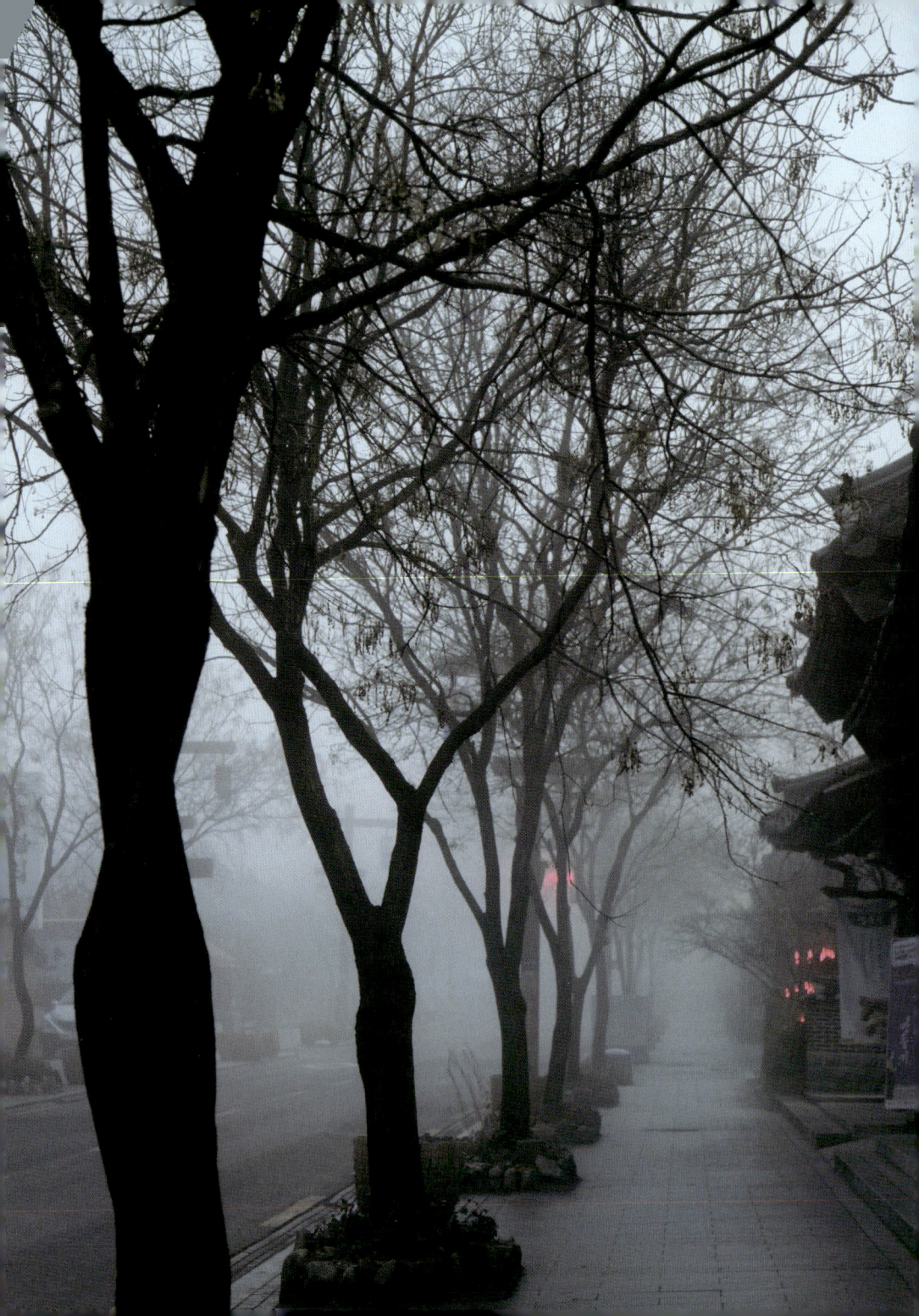

해찰, 전주한옥마을에 들어서는 마음

전주는 해찰하기 딱 좋은 곳이다. 전주 남정네들이 "거 머시다냐, 거시기……"를 연발하고 있을 때, 전주의 아낙들은 부디 해찰하지 말라고, 누대에 걸쳐 자신의 아들딸들에게 이르곤 했다. 그런데도 전주 사람들은 꾸준히 해찰을 해왔고, 전주의 어머니들은 더욱 자주 이 말을 입에 올려야만 했다.

일에는 마음을 쓰지 않고 쓸데없는 데 정신을 파는 짓, 그 해찰이 오늘의 전주를 만들었다. 완산 아이 견훤의 백일몽 역사나 목조 이안사의 전주 야반도주 사연이 바로 그 해찰로 인한 것임을 우리는 안다. 하물며 전주한옥마을이 국제 슬로시티로 지정된 일이야 말할 나위가 있으랴.

전주를 단면으로 보여 주는 공간이 바로 '한옥마을'이다. 교동(校洞)과 풍남동(豊南洞) 일대 9만여 평의 땅에 700여 채 기와집이 오순도순 모여 있는 동네, 이곳이 한옥마을이다.

'한옥마을'이라는 명칭은 마을 자체로서는 조금쯤 억울할 수도 있다. 정당한 어떤 이름을 부여받지 못하고 그저 이씨마을이나 김씨마을, 혹은 도자기마을이나 짚신마을, 길쌈마을처럼 편의성만 고려한 무성의한 작명으로 들리기 때문이다. 하지만 이 역시 해찰의 또 다른 결과일 것이다.

전주한옥마을을 찾아오는 연간 500만 명에 이르는 여행객들도 예외는 아닌 것처럼 보인다. 한옥마을에 들어서면서부터 그들은 어느 한순간 자신도 모르게 그 달콤한 해찰에 빠져버리고 만다. 누군가가 뒤에서 이름을 부르지 않는데도 걸음이 늦어졌다면 그건 해찰에 빠진 탓이다. 도회지에서라면 설사 누가 부른다고 하더라도 뒤를 돌아보지는 않을 테니까 말이다.

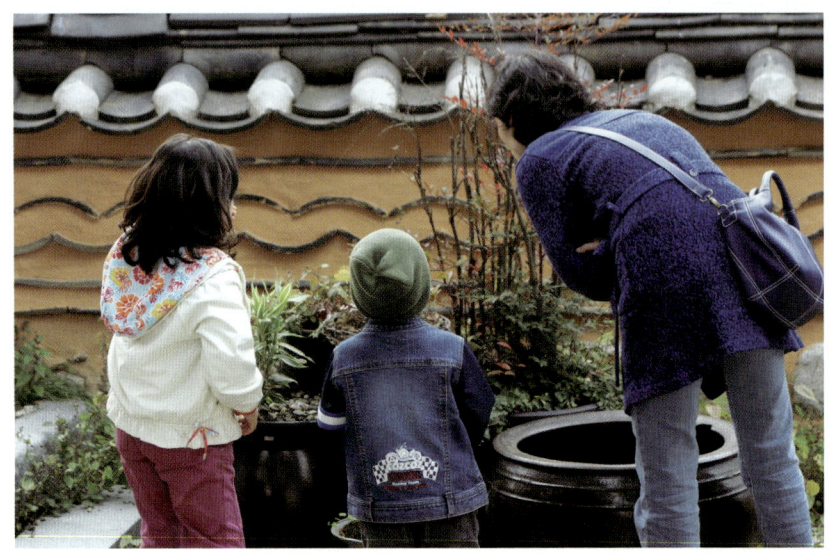

　한옥마을을 찾는 일 자체가 해찰일 수도 있으리라. 도회적인 삶의 기준에서 보면 오히려 갑갑해지는, 별 쓸데없는 싱거운 일이 되기 때문이다. 뜨거운 목욕물이 나오는 아파트 대신 한옥 체험에 나서겠다는 결정 역시 해찰이다. 기와집 처마에서 떨어지는 낙숫물소리에 저절로 귀가 모여지는 일, 길가 채소밭에서 홀로 누렇게 웃고 있는 늙은 호박과 문득 눈이 마주치는 일, 바지랑대가 떠받치고 있는 어느 한가한 마당의 빨랫줄을 보면서 문득 나도 빨래를 해서 널어보고 싶다는 생각, 젓대라도 부는 자세로 검게 빛나는 한옥마을의 지붕에 척 걸터앉은 초승달에 오랫동안 눈길이 머무는 일……. 그게 다 전주한옥마을의 해찰이다.

　누가 가르쳐 주지 않아도 전주를 찾는 이들이 스스로 배워가는 것, 나눠 주는 사람은 없어도 그들이 전주한옥마을에 와서 바리바리 얻어가게 되는 것, 그것이 바로 해찰이다. 그리고 이게 있고 없음의 차이가 마을의 삶과 도회의 삶을 가른다.

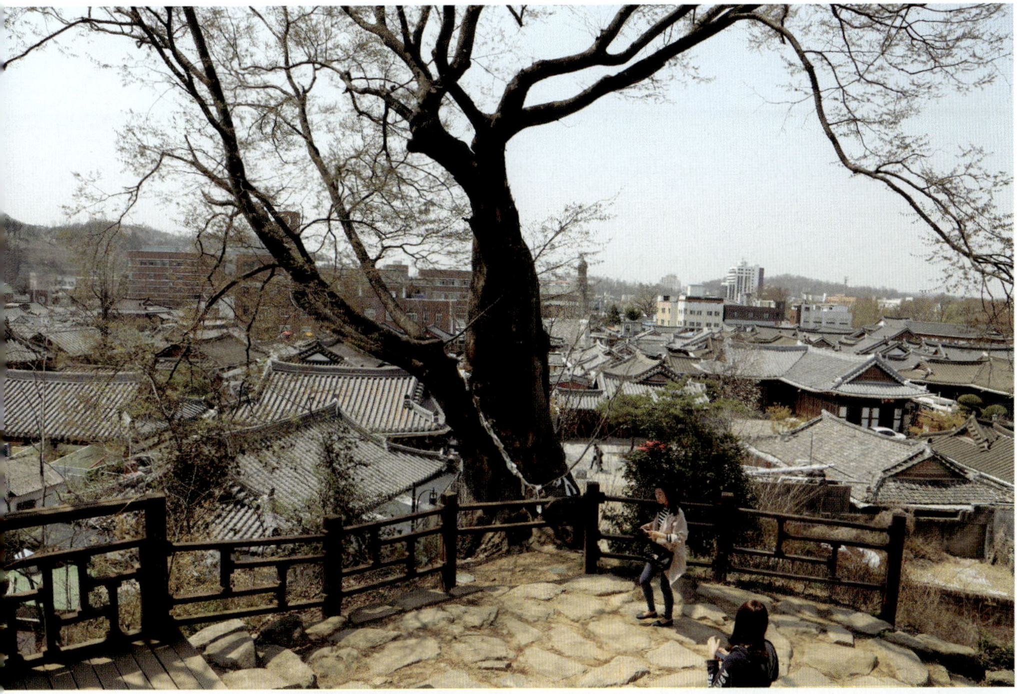

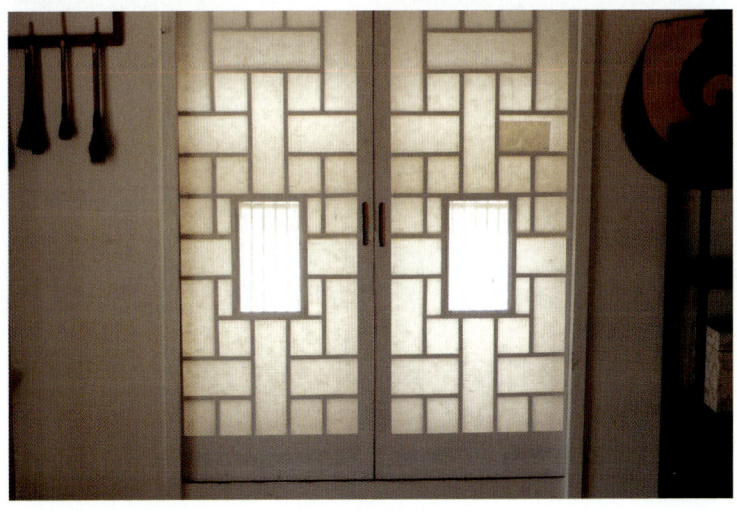

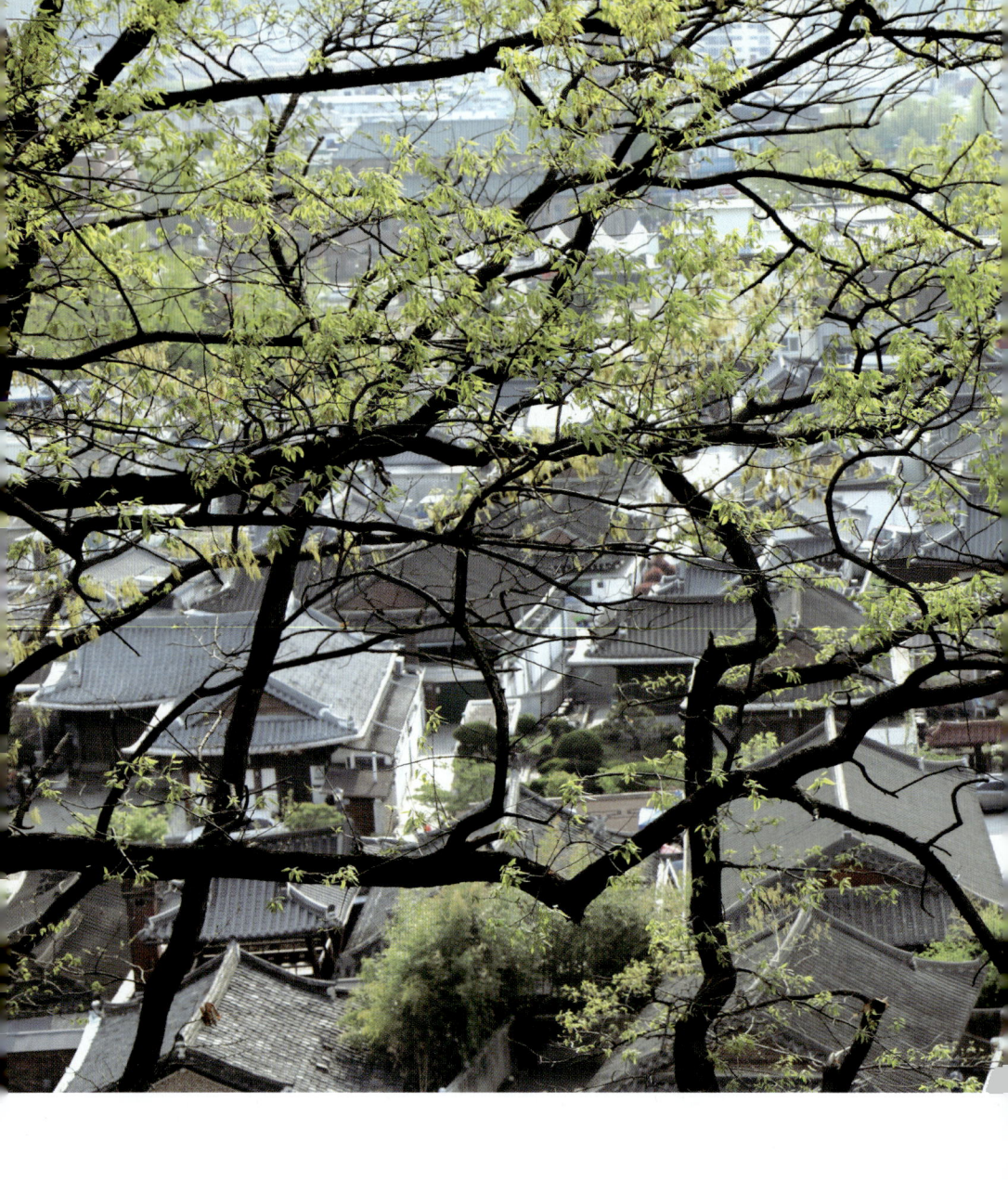

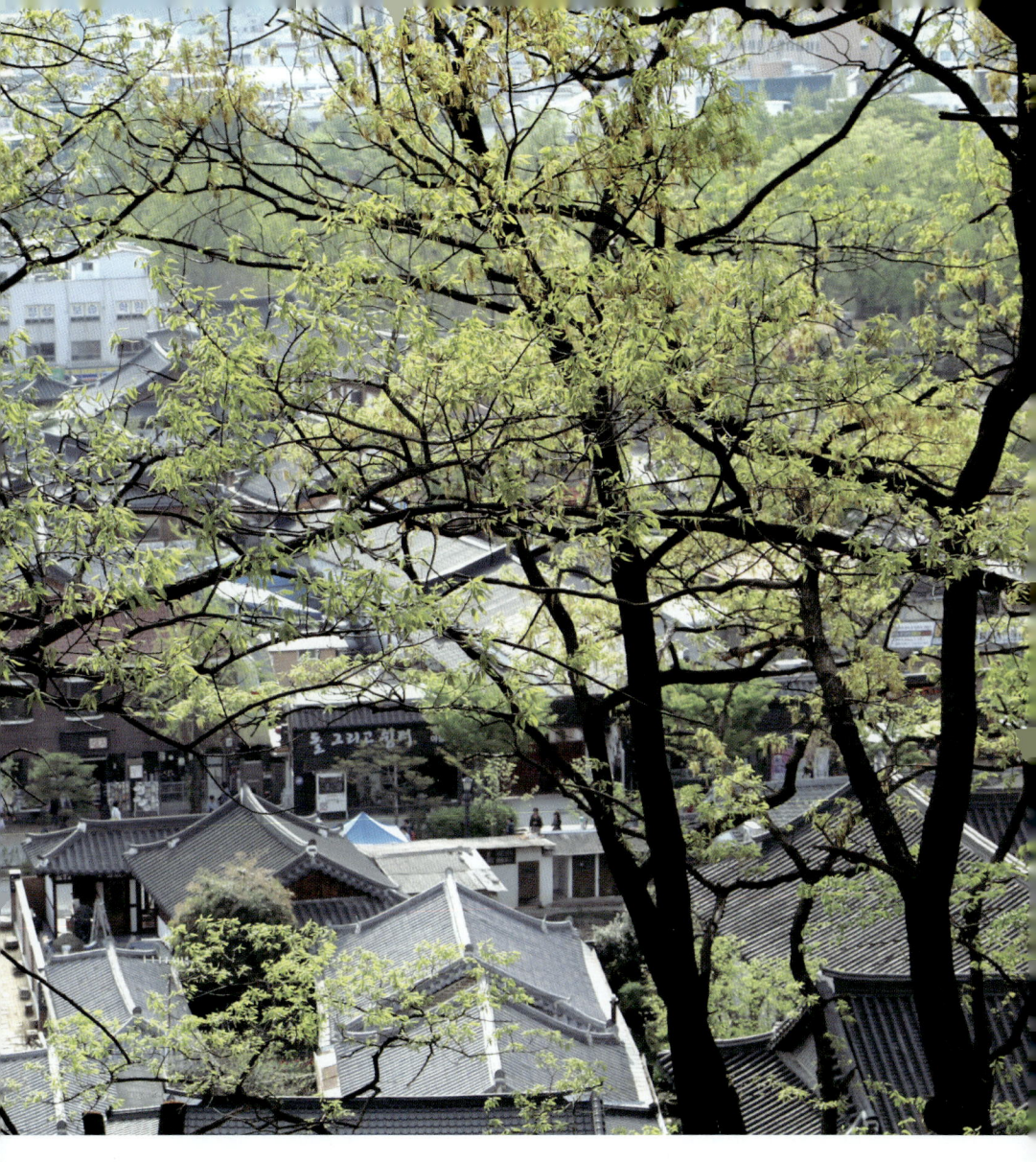

전주한옥마을의
태동과 숨결

양지 바른 곳에
펼쳐진 창호지, 전주한옥마을

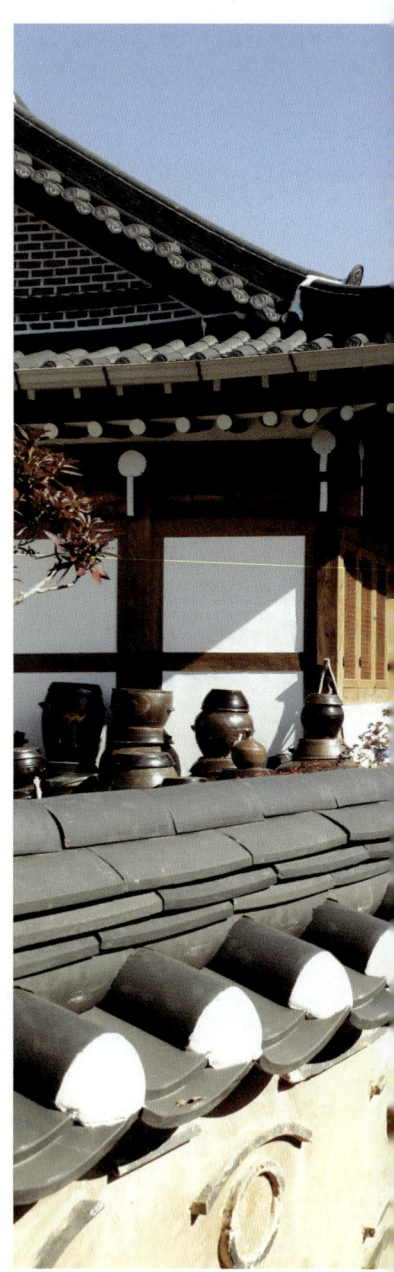

전주는 통일신라 시대에 군사적·행정적 중심지로서 완산주가 설치되면서부터 도시 구조의 기본 골격이 형성됐다. 견훤 시대에 이르러서는 전주 읍성을 중심으로 시가지가 재구성되기도 했다. 이처럼 고대에 만들어진 격자형 토지 구획은 수백 년이 경과한 이후에도 도시 경관 구조의 틀을 만드는 기반이었다. 조선 시대에 전주 부성은 산으로 둘러싸인 분지 안에 자리잡았으며, 산과 성곽으로 이루어진 이중의 울타리를 가졌던 것이다.

한옥마을은 전주 도심의 남동쪽에 있다. 시 경계는 확장을 거듭하여 오늘날에 와서는 한옥마을 역시 도심이 됐지만 본래는 성문 밖이었다. 물론 한옥마을도 날로 확장되는 추세에 있다.

일반적으로 한옥마을은 전주부성의 동문과 남문 바깥 지역, 그리고 전주천 북쪽에 펼쳐져 있는 마을을 지칭한다. 정확하게는 전주의 주요 간선 도로인 팔달로 동쪽, 그리고 기린대로 서쪽, 동문이 자리했던 동문거리 남쪽, 전주의 젖줄인 전주

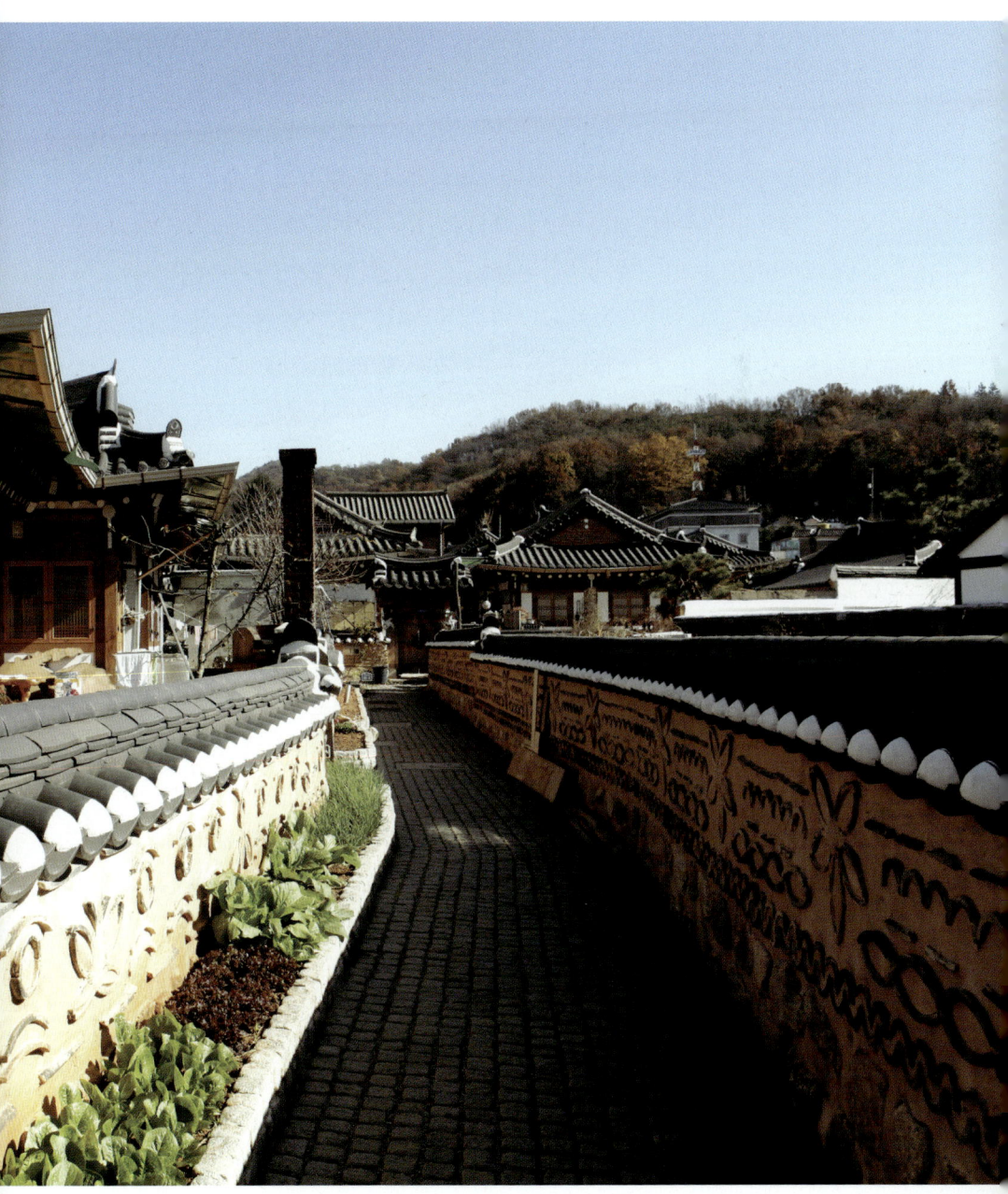

천 북쪽이다. 말 그대로 한옥마을은 양지바른 냇가에 놓인 창호 같은 형태를 이루고 있다.

세 곳의 이 도로들과 하나의 하천 사이에서 한옥마을은 숨을 들이마시고 또 내뱉는다. 그 네 개의 지리적 핵심어는 우리 전통 한옥 문의 바깥 틀을 이룬다. 실제로 장방형에 가까운 외곽 구조를 지니고 있는 것이다. 그리고 그 안으로는 태조로, 어진길, 향교길, 경기전길, 은행로, 술도가길, 최명희길, 오목대길 등이 동서남북으로 뚫려 있어서 그게 곧 격자문살이 된다. 한옥마을은 그 위에 붙여진 가장 중요한 요소, 곧 창호지 같은 공간이 되는 셈이다.

풍남문으로도 불리는 남문은 한때 광주, 나주, 남원 등 전라도 남쪽 지방에서 전라도의 수부(首府)이자 전라도 관찰사가 상주하던 전주부성으로 들어설 수 있는 유일한 관문이었다. 그런데 근대 이후 그 의미가 현저히 퇴색하더니 어느 때부터 갑작스럽게 거창한 각광을 받기 시작했다. 바로 한옥마을 때문이었다. 남문은 명실공히 한옥마을의 출발점이자 여행의 도근점(圖根點)이 되고 있는 것이다. 백성의 마을이라 성문 안쪽이 아닌 성문 밖 지역에 태를 묻을 수밖에 없었던 한옥마을, 헌데 오늘날에 와서는 성문이 도리어 백성들의 마을로 들어서는 대문 역할을 해주는 셈이다. 풍남문은 전라감영 복원 사업이 끝나면 아마 본래 제 위치, 제 역할을 찾아갈지도 모른다. 이 방대한 사업 계획은 이제 겨우 설계를 마친 상태지만 앞으로 복원 사업이 마무리되는 날이 오면 한옥마을과 더불어 전라감영의 풍부한 문화 유적 공간은 전주를 더욱 독특하고도 예스러운 도시로 탈바꿈시켜 놓을 것으로 기대하고 있다.

어쨌거나 역사가 베푸는 이러한 아이러니를 새기면서 남문 동쪽으로 난 길 태조로를 향해 첫발을 옮기면 거기서부터 좌우 팔방에 조선 왕조와 전주부성, 그리고 백성들의 삶이 갱엿처럼 진득진득하게 얽혀 녹아 있는 곳, 한옥마을이 비로소 낮게 펼쳐지기 시작한다.

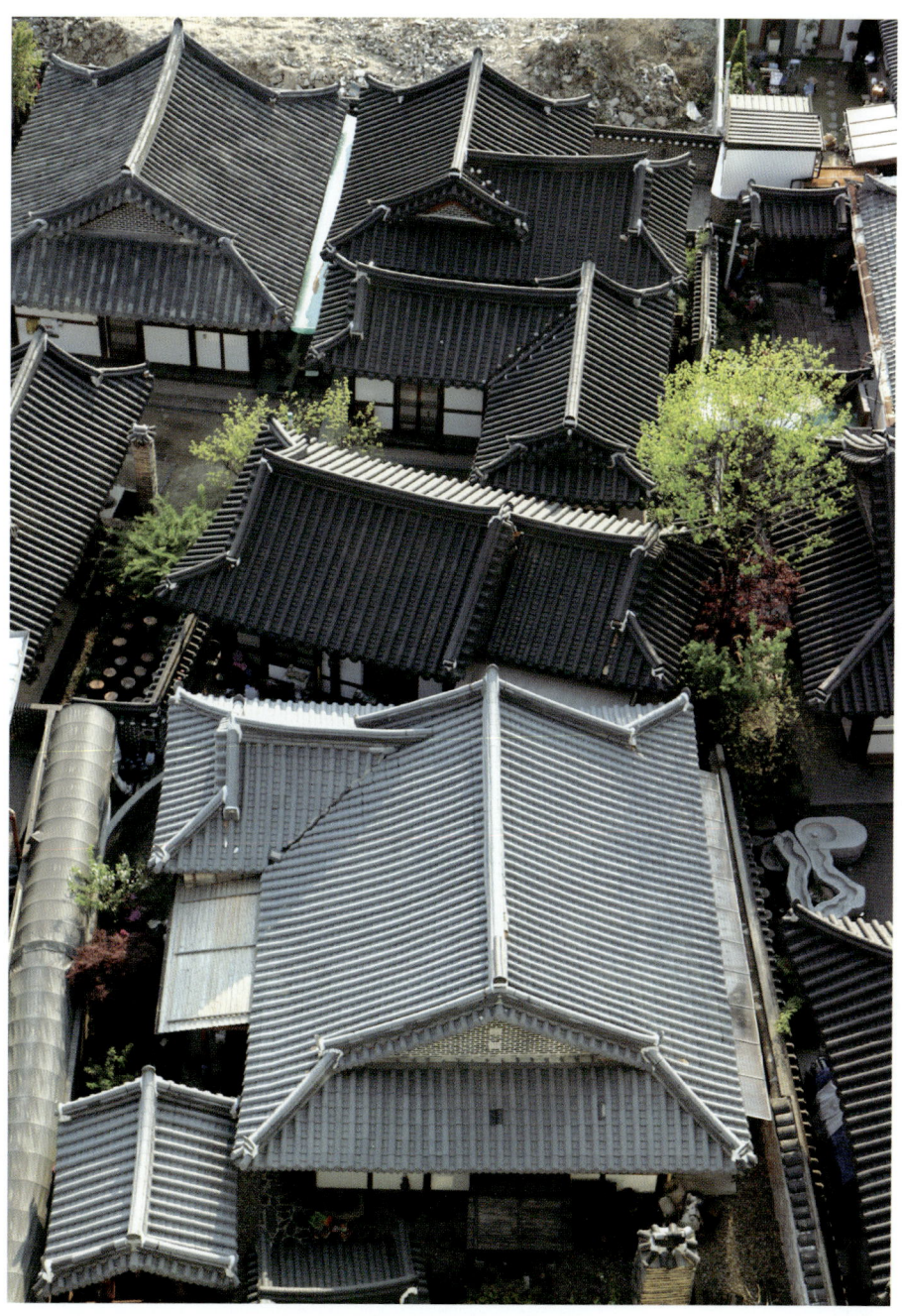

전주한옥마을을 관통한 전주천

만경강의 지류인 전주천은 전주를 전주로 만든 가장 핵심적인 요소 중 하나라고 할 만하다. 한옥마을에 이르러서는 더 말할 나위도 없다. 모든 한옥 건축물에 상존하는 위협은 화마(火魔)였다. 건물 입구에 해태상을 조각해 놓은 것도 그렇고, 지붕 위를 '용마루'라고 지칭한 것도, 상량에 '거북 귀(龜)'나 '용 용(龍)' 자를 부득불 새긴 것도 모두 화마에 대한 경계였다. 이 곳에는 용과 거북, 해태가 머무는 물 속 세상이니 함부로 범접하지 말라는 경고의 표식이었던 것이다.

조선 왕조의 발상지, 그것도 태조 이성계의 어진을 모신 곳에서 화재가 발생한다면 그건 단순히 재산상의 손실에서 끝나는 문제가 아니라 당연히 불충(不忠)으로 연루돼야 마땅했으리라. 그래서 전라감영이나 전주부의 관리들은 온통 화재 예방에 전전긍긍해야만 했다. 그런 데다가 전주는 화기(火氣)가 넘치는 곳이라고 일러 왔다.

지도상으로 보면 전주는 노령산맥이 관통하는 위치에 놓여 있다. 노령은 그 산세가 날카롭거나 험하지는 않다. 한자어로는 서로 다르지만 말 그대로 노년기에 접어든 산맥일 뿐이다. 허나 그런 산맥이기는 해도 노령은 전주 밖 팔방에 일정한 거리를 두고 많은 산들을 장승처럼 심어 두었다. 동쪽의 기린봉과 승암산, 남쪽 고덕산과 남고산, 완산 칠봉, 서쪽 황방산, 북쪽의 건지산 등등 그 산들이 아니, 노령이 전주를 분지로 만들었다. '전주(全州)' 또는 '완주(完州)'라는 온전하고도 완벽한 의미의 명칭을 갖게 된 데는 사실 이 지역의 풍부한 산물 때문이기도 하지만 지형적으로는 이 곳 사람들이 자주 쓰는 표현처럼 '옴팡하고도 아늑한 분지(盆地)'에 속해 있기 때문이다.

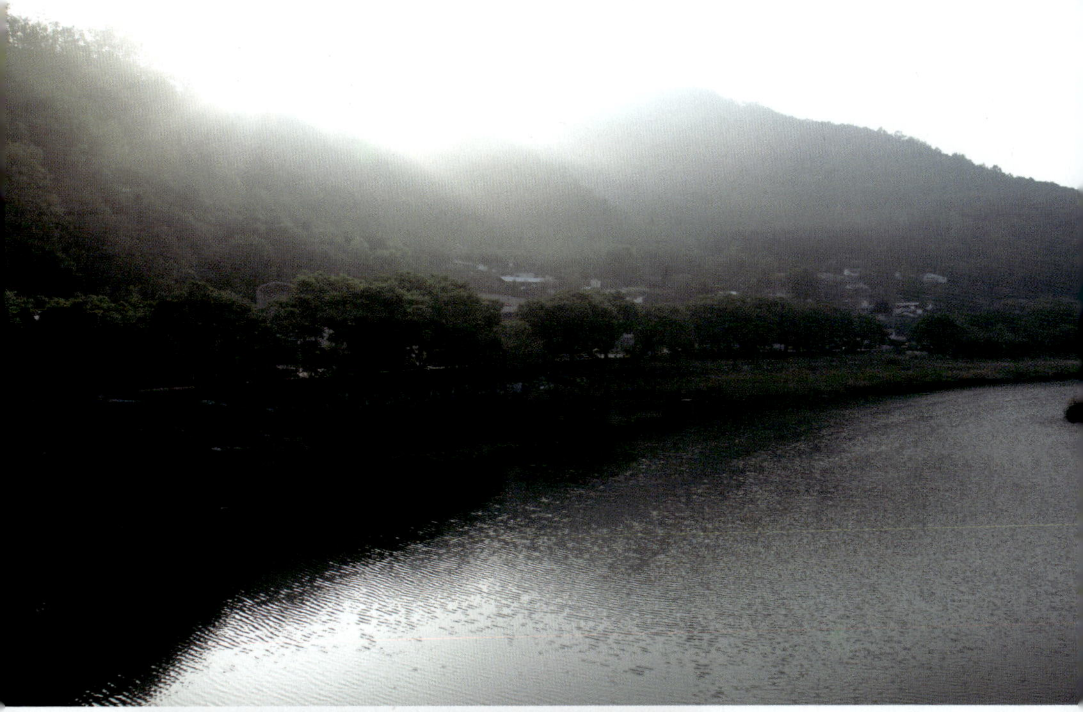

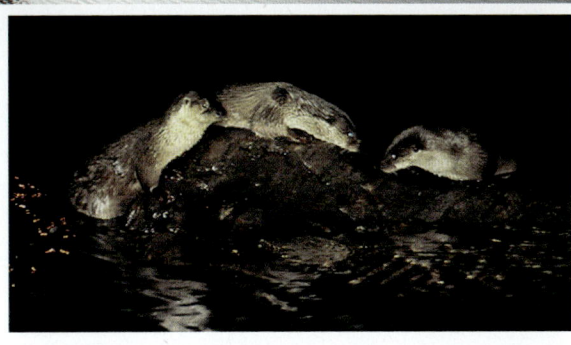

전주천
전주천은 수량은 적지만 수달이 살고 있는 등 도심 속의 자연 생태계가 살아 있는 중요한 곳 이다.

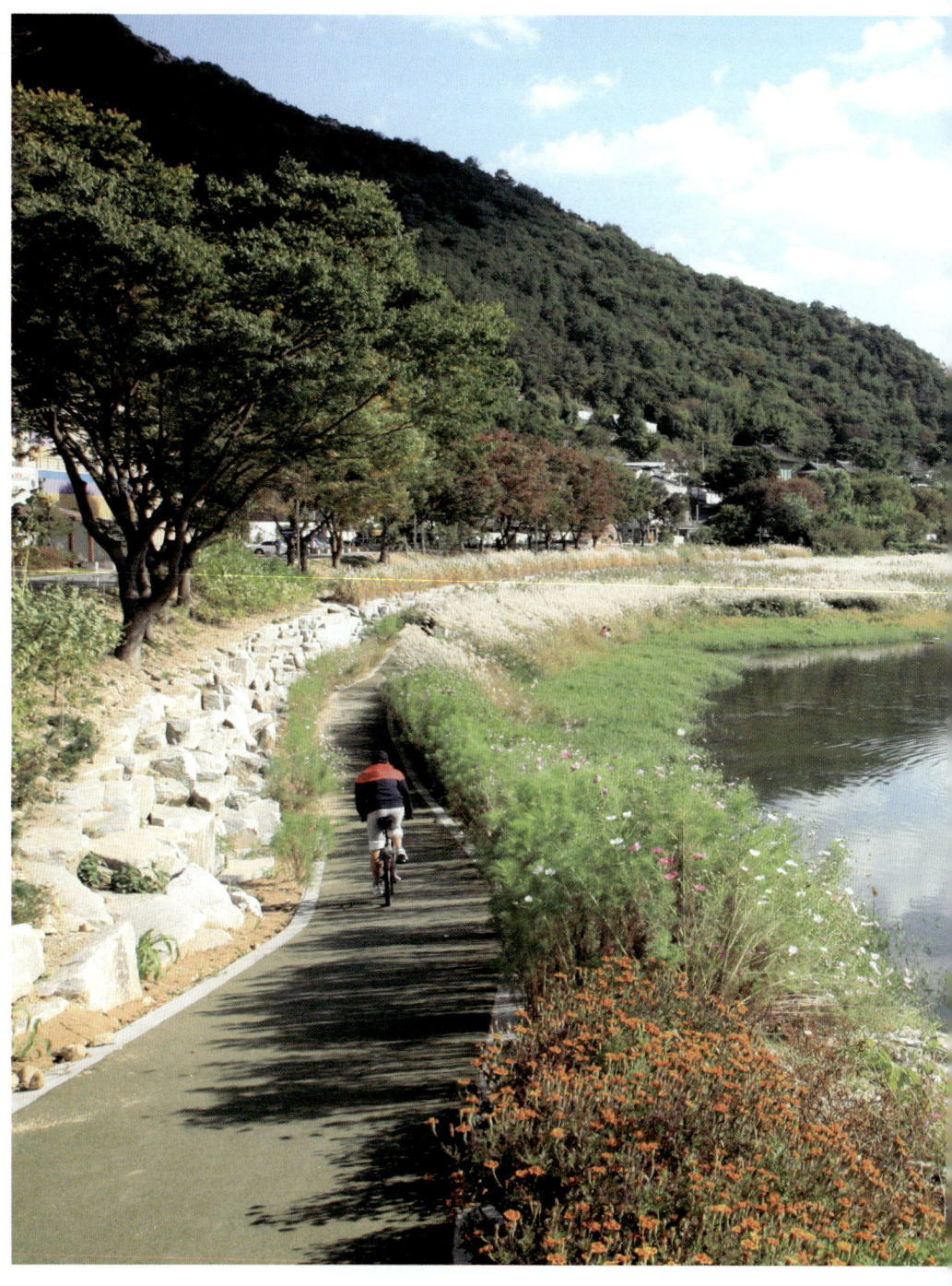

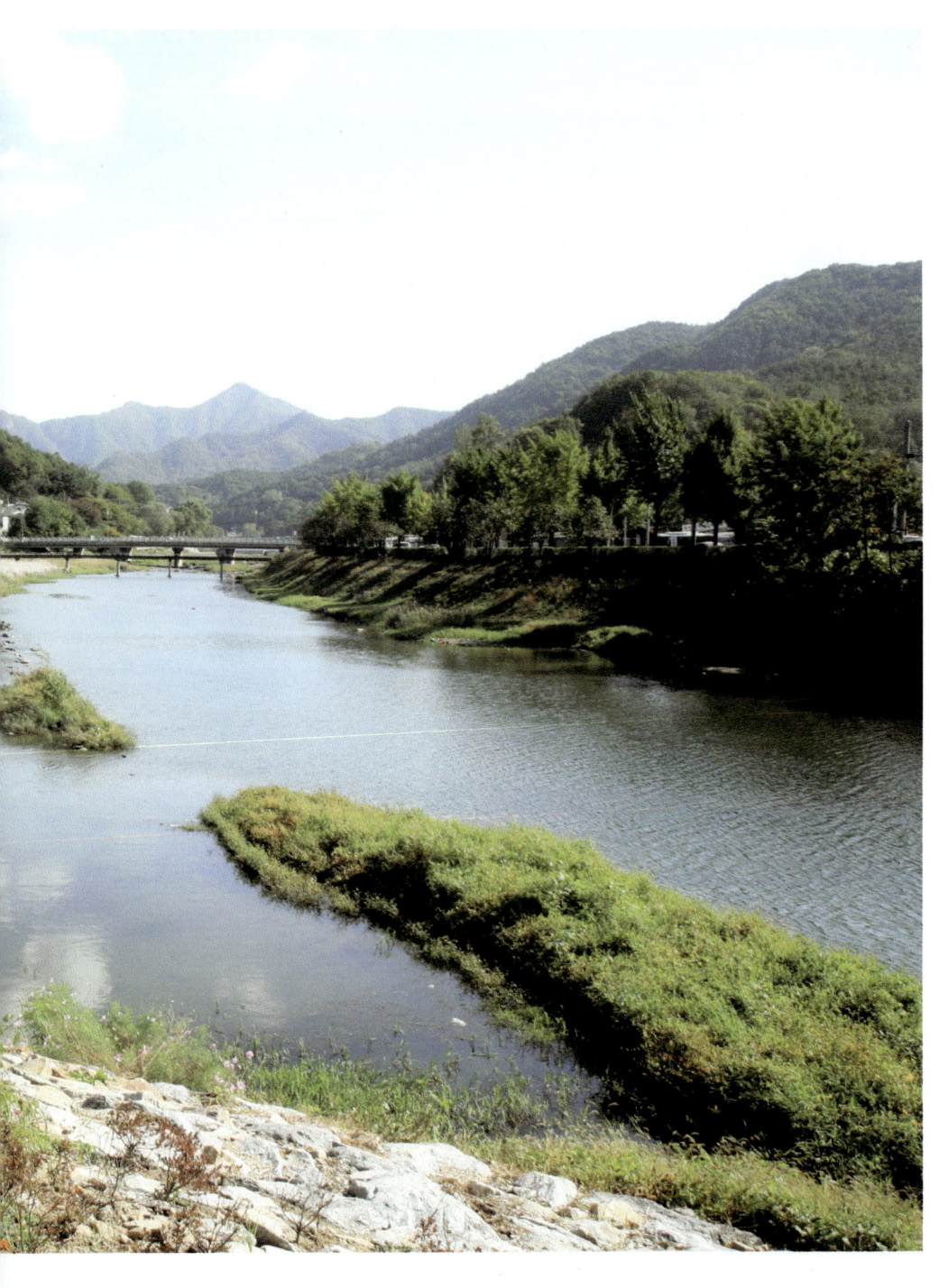

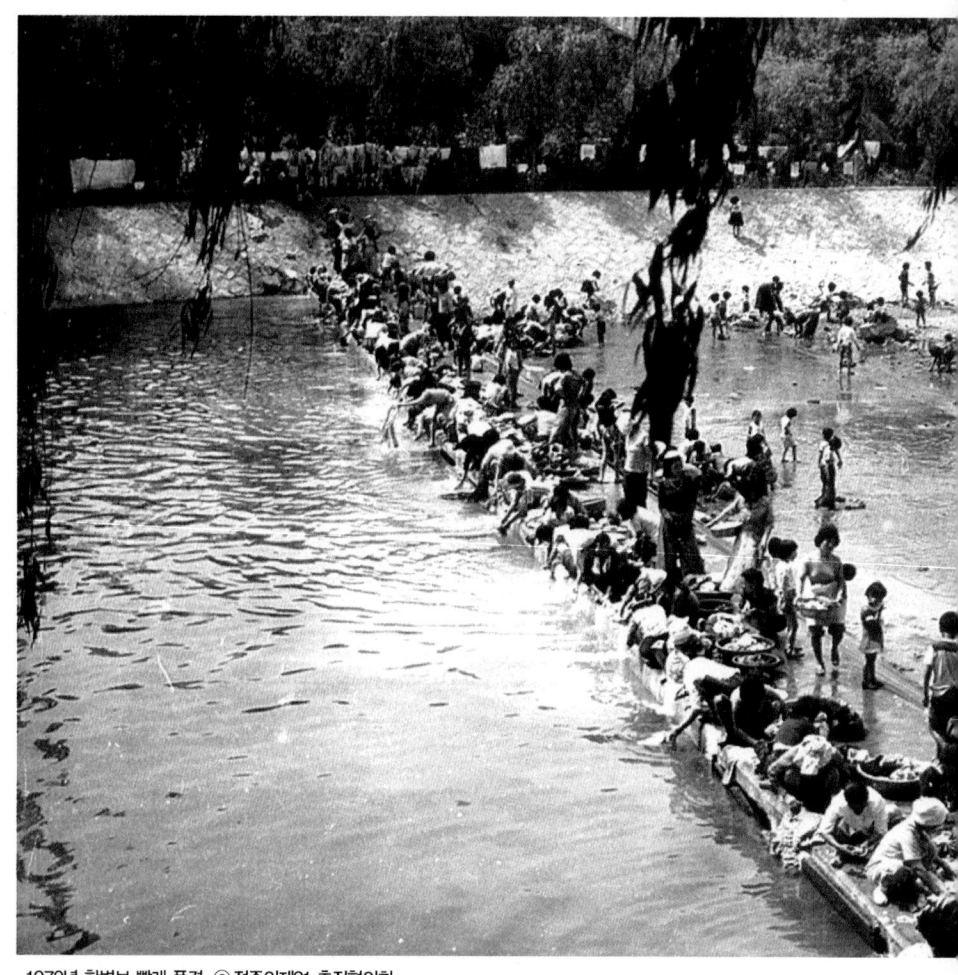

1979년 한벽보 빨래 풍경. ⓒ 전주의제21 추진협의회

전주천은 작은 하천이다. 수량도 풍부하지 않은 편이다. 이 때문에 유속도 느려서 영락없이 해찰하며 걷곤 하는 이 지역 사람들의 발걸음에 보조를 맞춰 가면서 흐르는 것처럼 보인다. 아마도 전주 사람들이 전주천의 흐름에 보폭을 맞췄으리라.

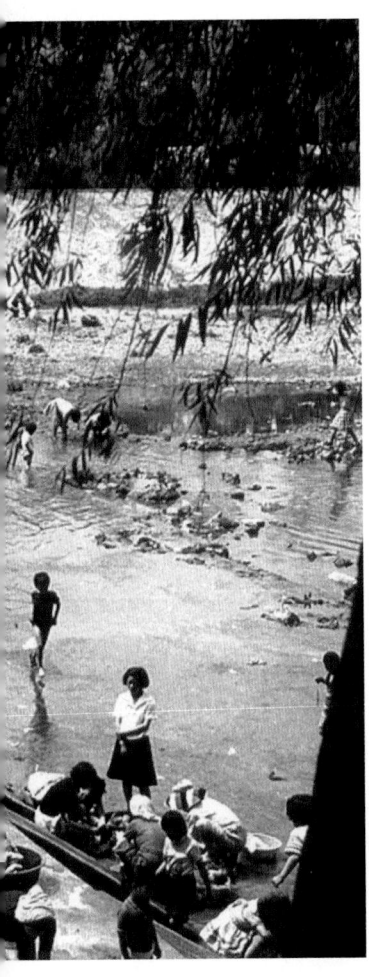

　한옥마을에 굳이 전주천을 언급하는 데는 이유
가 있다. 원래 전주천은 한옥마을을 정통으로 관
통하면서 흘렀다. 수해를 방지하고 도심 외곽으로
물줄기를 돌리기 위한 목적으로 물꼬 방향을 틀기
직전까지만 하더라도 마을과 냇물은 둘이 아닌 하
나였던 셈이다. 전주를 상징하는 곳이 한옥마을이
라면, 그 한옥마을을 적신 곳이 전주천 물줄기다.

　현재 태조로와 더불어 한옥마을 양대 축의 하나
인 은행로에는 인위적으로 조성된 실개천이 흐르
고 있다. 어쩌면 이 실개천은 사라져 버린 전주천
무덤에 바쳐진 헌정(獻呈)의 산물이랄 수 있다. 옛
물줄기의 자취를 오늘에 이어 주고 있기 때문이다.
동시에 이 실개천은 화마로부터 한옥마을을 지켜
내려는 의지의 상징이기도 하다.

　무엇보다 이 실개천은 한옥마을의 실핏줄이 됐
다. 뒤에 언급하게 될 발산(鉢山)이 한옥마을의 척
추, 곧 등뼈가 돼주고 있다면 전주 남천은 대동맥
이 되는 셈인데, 은행로 실개천으로 인해 한옥마을
은 비로소 척추동물과 같은 유기적인 요소를 다 충
족하는 것이다. 그러니 한옥마을에 어찌 우리네 인
생사 같은 곡절과 사연들이 굽이굽이 채워지지 않
을 수 있겠는가.

항일정신으로 터를 다진 전주한옥마을

　물가에 접해 있고, 농토로 삼을 만한 넓은 땅이 자리한 곳, 전 세계 어디든 마을이 성립되려면 이 조건은 필수적인 법이다. 그런 곳에 사람들이 하나둘 모여들면서 마을이 되고 고을을 이룬다. 어떤 특별한 한 개인에 의해 조성된 씨족마을을 제외하면 그게 마을의 유래가 되는 건 당연하다.

　1911년, 전주부성은 남문만을 남긴 채 성문과 성곽이 모두 철거되었다. 일제가 벌인 일이었다. 그리고 일제는 전주와 군산 사이에 도로를 건설했다. 그것이 바로 전군가도다. 구실이야 많았지만 목적은 분명했다. 호남 일대에서 생산되는 쌀을 군산항으로, 그리고 일본으로 원활하게 수송하기 위해서였다.

　쌀의 수탈이 진행되는 동안 전라도 농민들의 신분과 처지는 급속히 나락으로 떨어져 갔지만 상대적으로 호남에 거주하는 일본인들은 승승장구했다. 특히 일본인 상인들은 이 과정에서 얻은 부를 내세워 이미 허물어지고 없는 성곽 안으로 들어와 일본식으로 집을 짓고 상권을 형성하여 세를 불리기 시작했다.

　이 무렵, 일제에 저항하던 선비들이 한옥마을터에 하나둘 모여들어 기와지붕을 얹기 시작했다. 공교롭게도 한옥마을은 남문 북쪽이나 서쪽의 일본 상권과 마주보이는 방향이었다. 그리고 무엇보다 조선 태조의 어진(御眞)을 모신 경기전이 버티고 있는 지역이며, 전주향교가 위치한 곳이기도 했다.

　전라감영과 전주부성이 헐리는 데야 행정제도의 개편으로 어찌할 수 없었다고 하더라도 적어도 경기전과 향교 일대에 한옥을 짓고 사는 것만으로도 전주 주민들은 마음의 위안을 얻곤 했으리라. 제아무리 무도한 일제라도 감히 손댈 수 없으리라는, 손을 댈 수도 없게 만들겠다는 민족정신이 주민들을 이 일대로

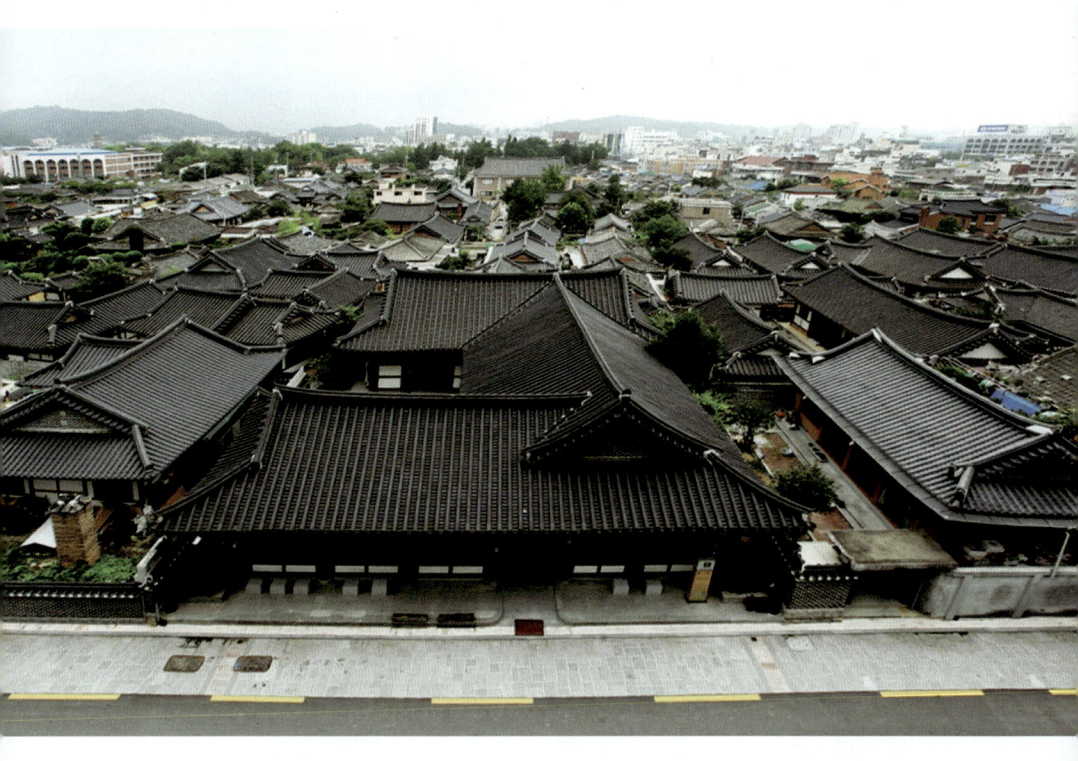

집결시켰던 것이다. 한옥마을의 유래는 그렇듯 비록 소극적이나마 민족혼의 각성, 혹은 항일정신의 발로였다고 볼 수 있다.

　남문 동쪽 지역으로는 우리 전통의 한옥들이 들어차고 남문 북서쪽 지역에는 일본식 건물들이 서로 대치하듯 늘어선 광경, 그건 시위였으며 또한 운동이었다. 아니 한옥마을에 거주하면서부터 본격적인 운동은 바야흐로 싹트기 시작했다고 할 수 있다.

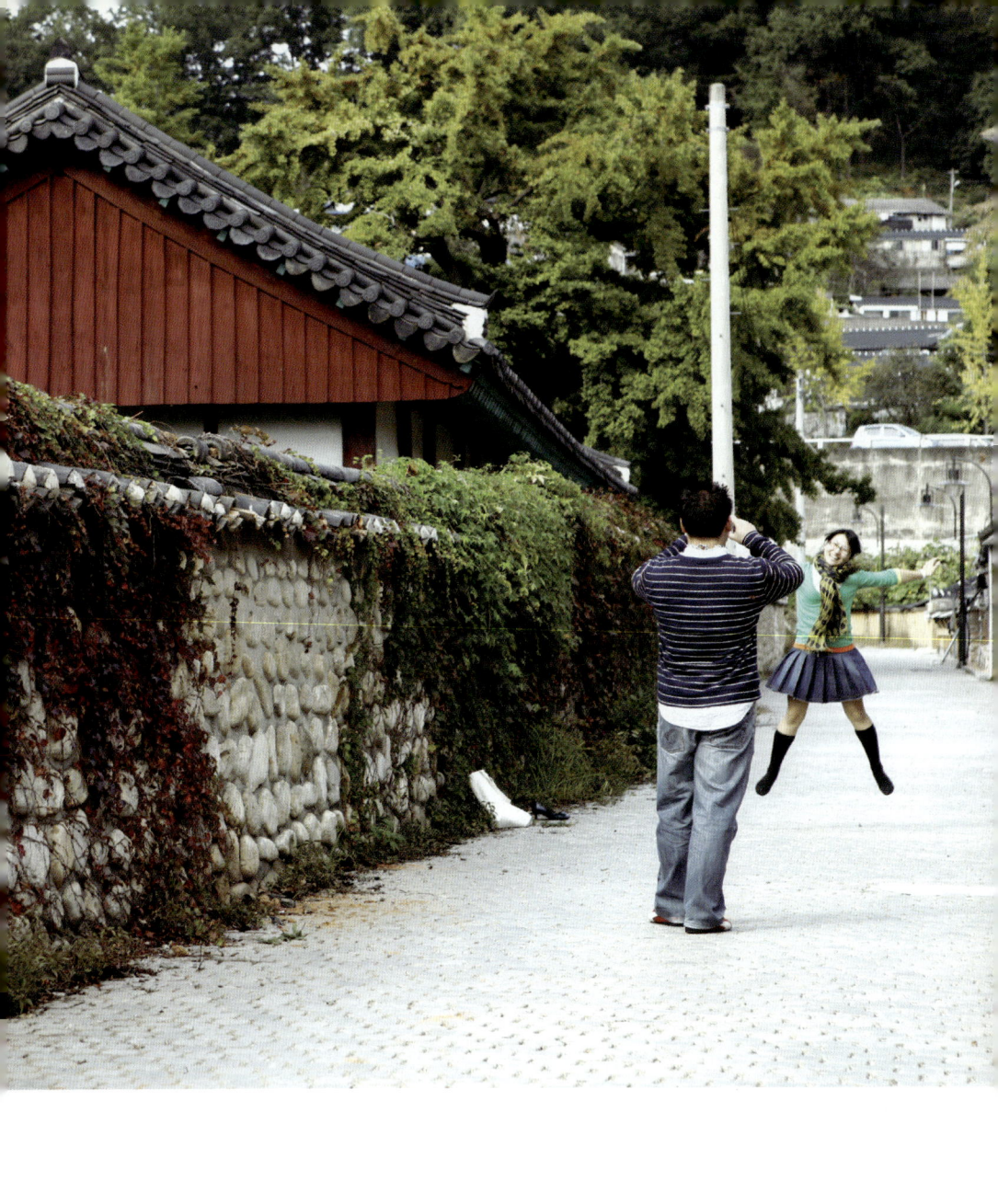

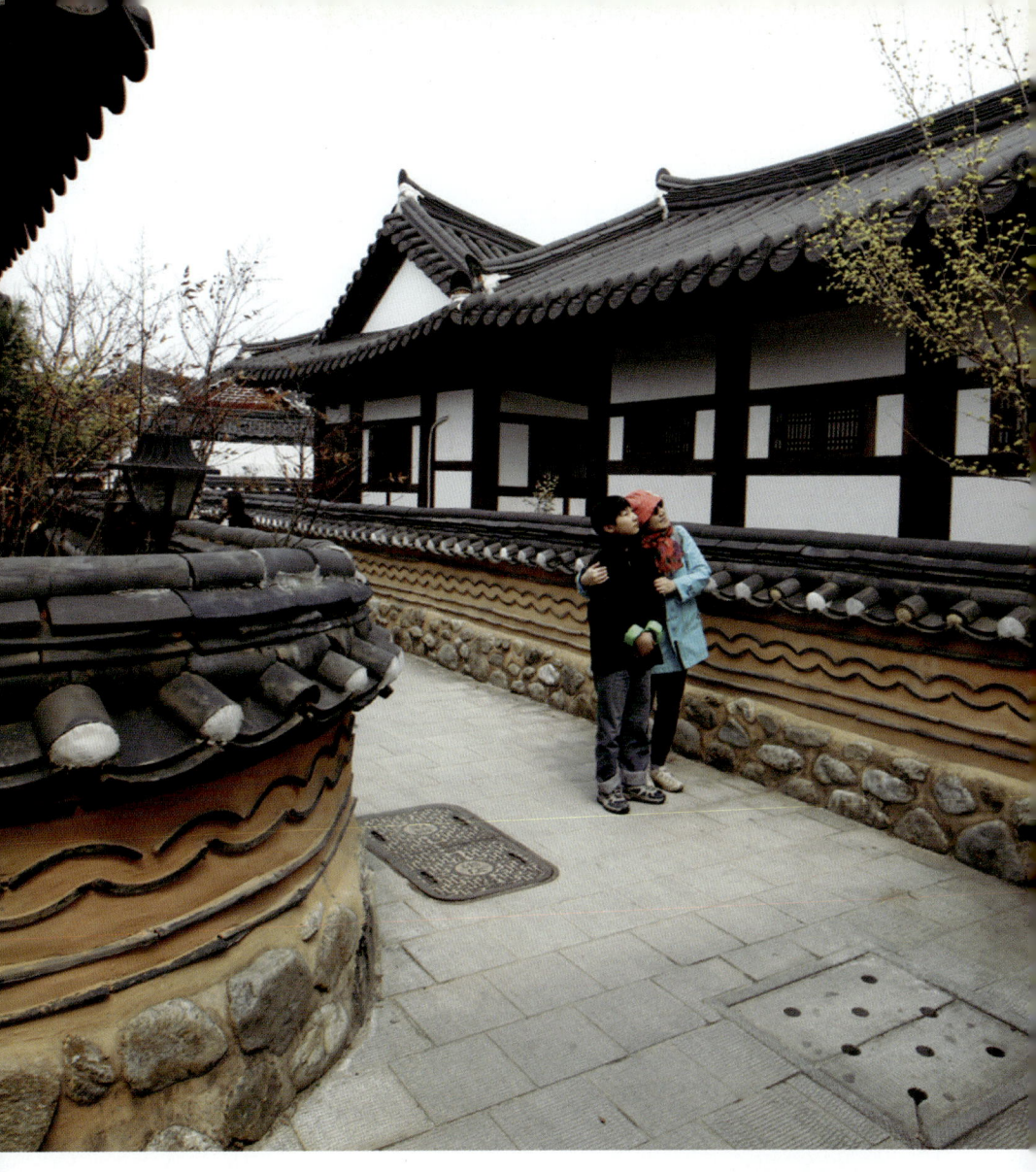

전주한옥마을의
환경과 변화

전주한옥마을의 공간 구조

근대화의 여명이 동터오르기 시작하던 19세기 말, 전주에서도 성(城) 안팎의 온도차는 상당하였다. 당시 전주부성(全州府城) 자체가 이른바 '가진 자'와 '그렇지 못한 자'의 경계로 작용한 탓이다. 그래서 근교 상권을 막 장악해 나가던 중소상인들이나 호남평야 너른 들에서 쌀농사로 부를 축적한 신흥 부농(富農)과 대지주들조차 대부분 남문(南門) 밖에 거주하게 되었고, 또 을사조약 체결 이후 떼거리로 몰려든 일본인들까지 처음에는 서문(西門) 밖에 모여 살았다고 한다.

그러다가 1907년, 일제에 의하여 그 유서 깊은 전주성곽이 송두리째 철거되면서 상황은 급변하였다. 오랜 세월 동안 성곽이 버티고 서있던 자리에는 낯선 도로가 하나둘 들어서고, 낡은 건축물이 과감히 교체되면서 다들 성내(城內)로 다급히 모여들기 시작한 것이다. 그래도 이미 조성되어 있던 대지와 건축물, 담장과 골목길 등 내부가구(內部街區)는 자연스럽게 형성되어 온 당시의 원형은 거의 그대로 유지되었다. 이는 전주한옥마을이 계획적으로 조성된 것이 아니라, 자연발생적으로 태동되었다는 사실을 뒷받침한다.

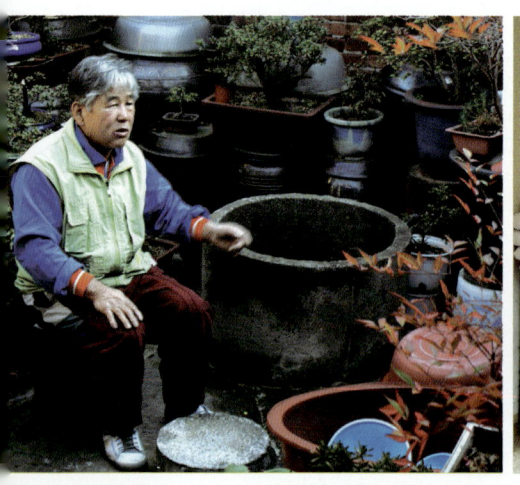

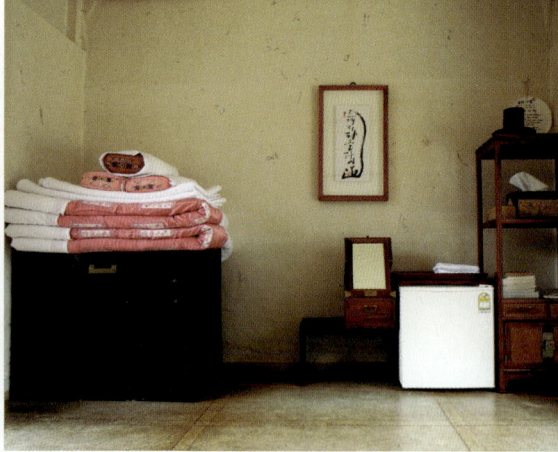

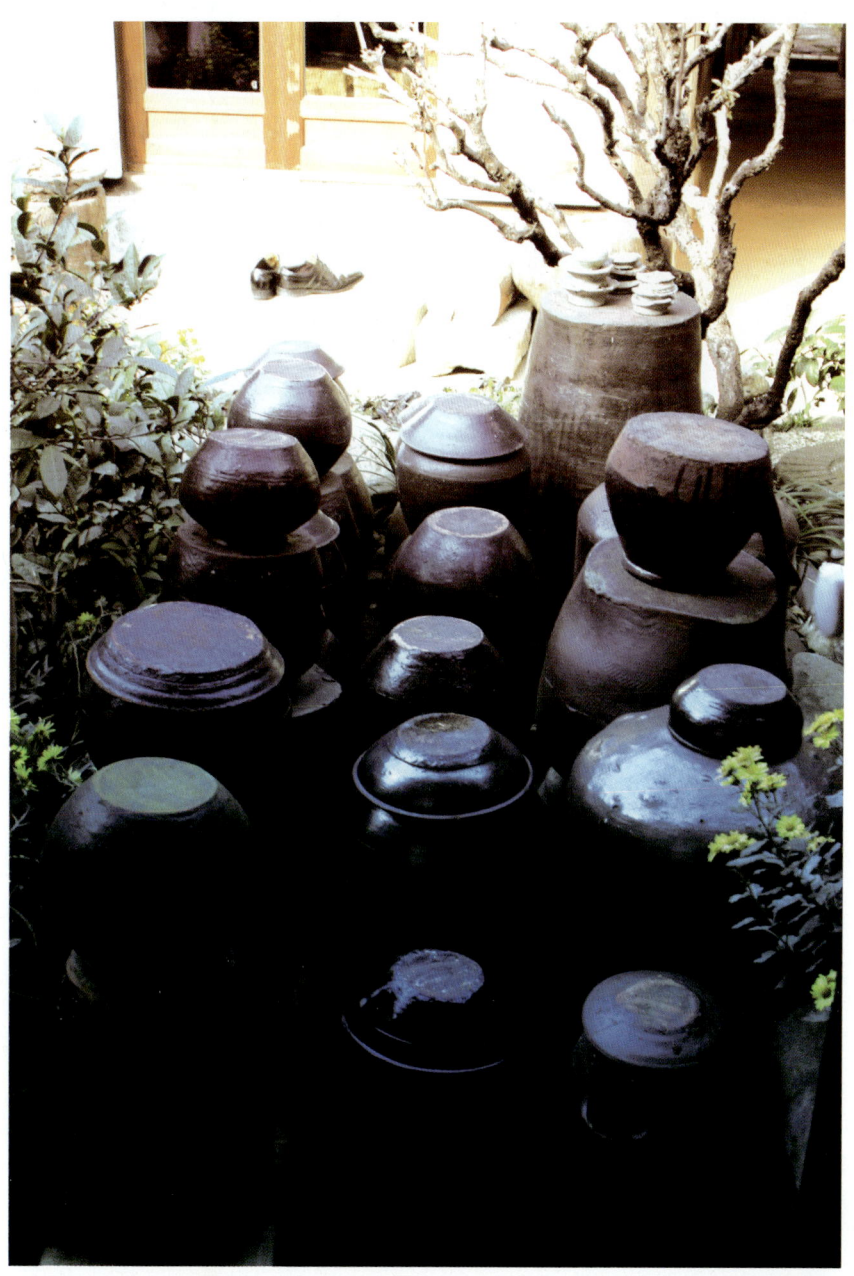

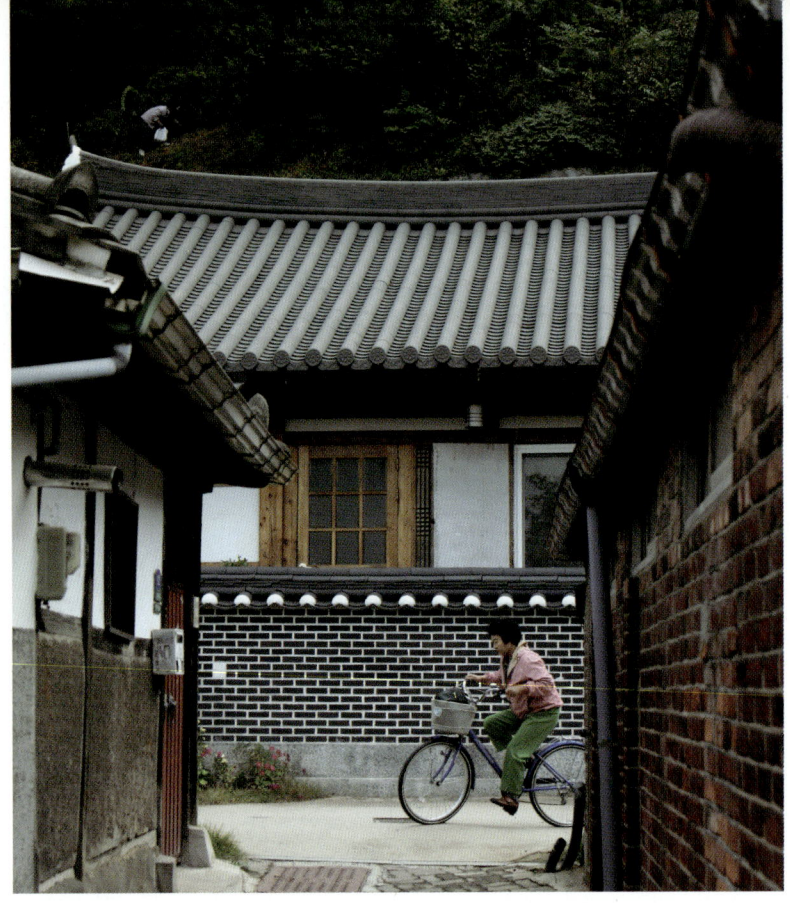
전주한옥마을은 세트장이 아닌 사람 사는 곳이다.

어쨌든 전주한옥마을의 가장 큰 매력은, 도시생활에 적합하도록 골목길을 따라 한옥들이 마치 포도송이처럼 군락을 이루고 있고, 여기저기에서 시끌벅적하니 사람 사는 냄새로 가득 차 있다는 점이다. 그래서 골목길로 접어들 때마다 주민들의 숨소리가 바로 옆에서 들리는 것 같고, 또 잔뜩 부풀어 오른 호기심을 이기지 못하여 어느 집이라도 대문을 열고 들어서면, 마치 한때 소원했던 옛날 동무와 다시 만나는 것 같다. 그 때문일까? 전주한옥마을에 들어서는 순간, 마치 타임머신을 타고 이미 사라진 우리 고향땅, 우리 고향 마을에 도착한 것 같은 착각에 그만 빠져들고 만다.

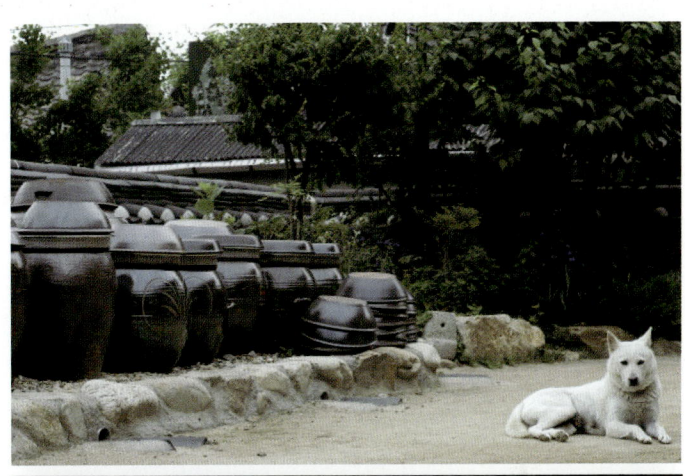

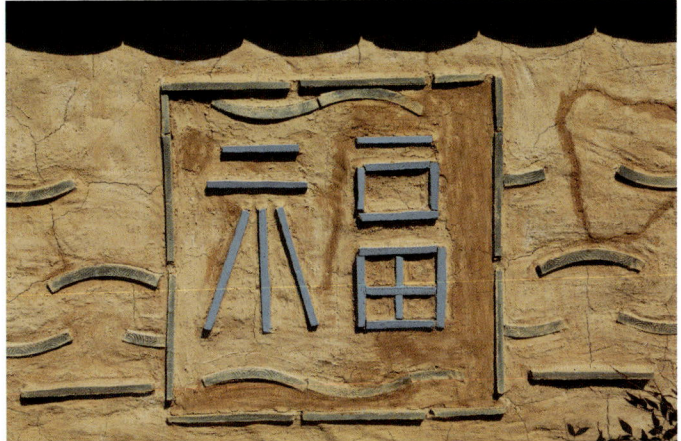

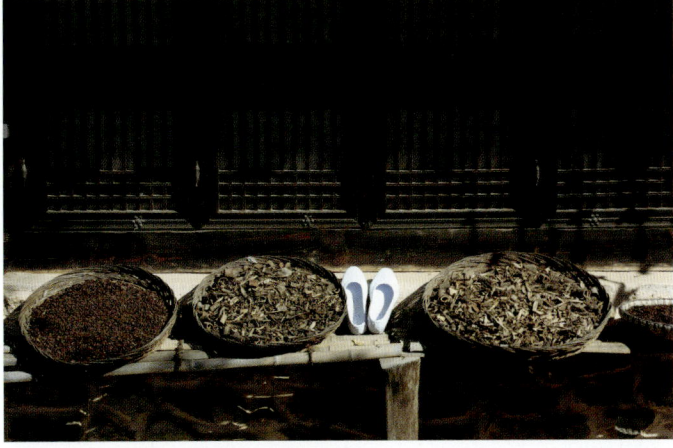

한옥마을 보존과 주민들의 갈등

전주한옥마을도 처음 자리를 잡을 때는 한바탕 호된 신고식을 치렀다. 1999년, 전주한옥마을이 '전주생활문화특구'로 지정되고 그 기본 사업 계획이 발표되자마자 주민들은 마치 기다렸다는 듯 거세게 반발하기 시작하였다. 전주한옥마을의 지구단위 계획 수립에 주도적으로 참여했던 전북대학교 채병선 교수는 한동안 주민들의 시비와 협박에 시달려 일상생활이 어려웠다고 실토할 정도다.

딴은 그럴 만도 했다. 당시 고층아파트를 찾아 다들 신시가지로 이동하는 바람에 이 곳 주민들은 더욱 허탈해하고 있었는데, 그나마 발표된 구도심(舊都心) 활성화 대책이라는 것이 다시 또 한옥마을 재생이라니, 주민들은 격분했다. 지금까지의 인내와 희생을 보상하라며 너도나도 들고 일어선 것이다.

사실 전주한옥마을을 도시계획적인 측면에서 접근하기 시작한 것은, 약 36년 전으로 거슬러 올라간다. 1977년, 전주시에서 풍남동과 교동 등 지금의 한옥마을 일대를 이른바 '한옥보존지구'로 지정하면서부터였는데, 그때만 해도 제대로 된 도시계획이나 재정적인 뒷받침 없이 그저 한옥을 보존하겠다는 일념 아래 행정편의주의적인 규제로만 일관하였다.

그러다가 1986년 개정된 건축조례에서 다시 이 지역을 '제4종 미관지구'로 변경 지정하며 일부 변화를 시도하였으나, 재산권 행사의 제한 등 불편을 견디다 못한 주민들의 집단 저항에 부딪히게 된다. 게다가 이미 다른 도시에서는 한옥 보존을 포기했다는 비보까지 속속 날아들었다. 이에 전주시에서도 더 이상 버틸 재간이 없었던지 1997년, 그 동안 이 일대의 한옥군(韓屋群)을 근근이 보존 관리해 오던 것을 사실상 포기하겠다는 항복선언을 하기에 이른다.

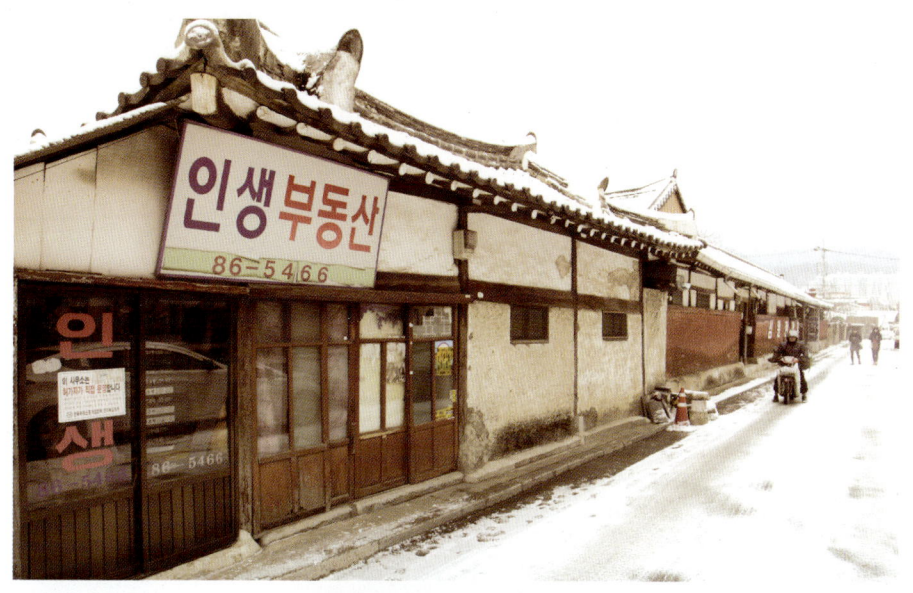

변형된 한옥 모습
한옥마을에는 세트장처럼 잘 지어진 한옥만 있는 것이 아니다. 삶의 흔적이 고스란히 남아 있는 변형된 일부 한옥의 모습도 만날 수 있다.

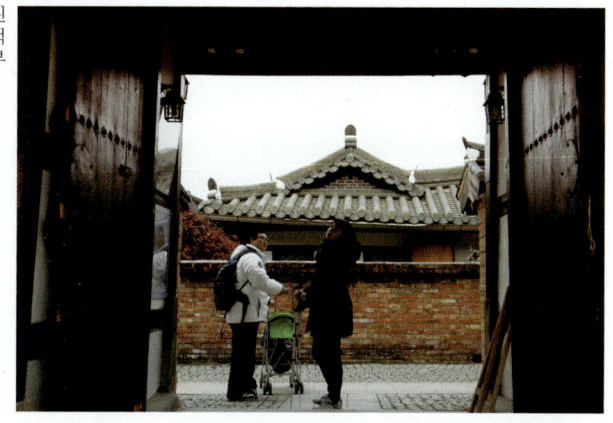

　　지금 전주한옥마을에 드문드문 남아 있는 볼썽사나운 몰골은 바로 그때의 흔적들이다. 지금이야 다들 이구동성으로 그 양옥의 출현을 질타하고 있지만, 당시에는 어쩌면 그게 최선의 방어였을지도 모른다. 그래서 그 시대 상황을 모르고서는 도시를 제대로 읽어 낼 수 없다고 한다. 사실 그게 모두 다 우리네 삶의 흔적이자, 도시 진화의 한 과정인 것이다.

한옥마을 속의 다른 풍경

전주한옥마을에는 정말 한옥만 있을까? 아니다. 앞에서 잠깐 언급한 바와 같이 간혹 2층짜리 벽돌집이나 철근콘크리트 건축물도 섞여 있고, 또 더러는 일본집도 군데군데 눈에 띈다.

한옥이라고 하면 다들 조건반사적으로 아주 먼 옛날, 아니 적어도 조선 시대 말쯤의 어느 건축물이려니 생각할 수도 있겠지만, 사실 전주한옥마을은 근대화의 산물이다. 국운이 급격하게 기울어 가던 20세기 초반, 거의 모든 제도가 유명무실해지면서 전주부(全州府) 인근으로 사람들이 모여들기 시작하였고, 마침내 일제 강점기에 들어서면서 성벽마저 강제로 철거되게 되자, 성내의 도시 구

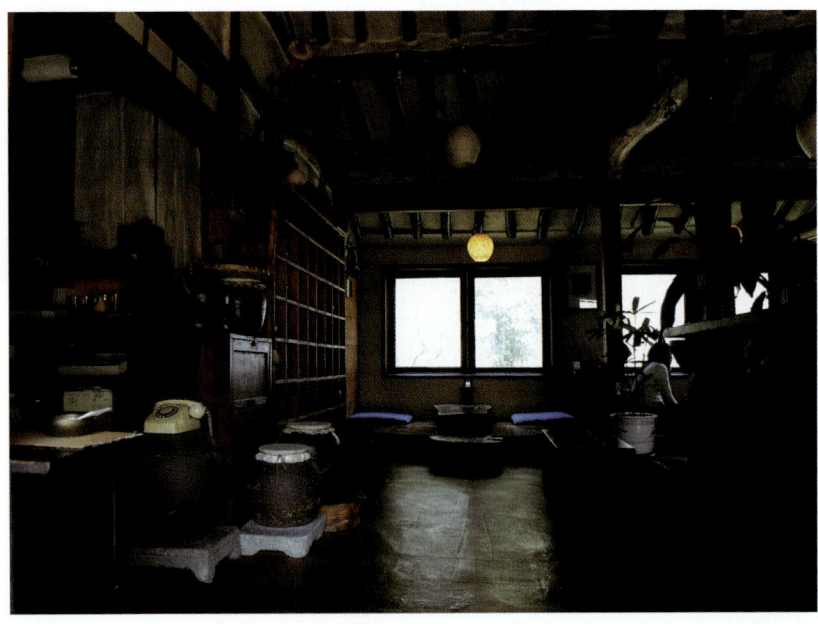

조는 급격한 변화의 소용돌이 속으로 휘말리게 된다.

다가동이나 고사동, 중앙동 등의 시내 곳곳에 일본식 건물이 버젓이 등장하게 되고, 다소곳하던 한옥도 이상야릇한 사족(蛇足)을 달기 시작하였다. 지금도 전주한옥마을의 중심 도로인 은행로 실개천을 따라 걷다 보면, 풍남동 일부 지역에는 일본 적산가옥(敵産家屋)이 그 동안의 구태를 훨훨 털고 그럴듯한 카페나 가게로 거듭나 있는 풍경을 목도하게 된다.

그래서 전주한옥마을을 제대로 감상하려면 한옥만 보지 말고 일본집도 찾아 보고, 또 벽돌집이나 철근콘크리트 건축물 앞에서 사진 한두 장 찍어두는 여유를 부릴 줄도 알아야 한다.

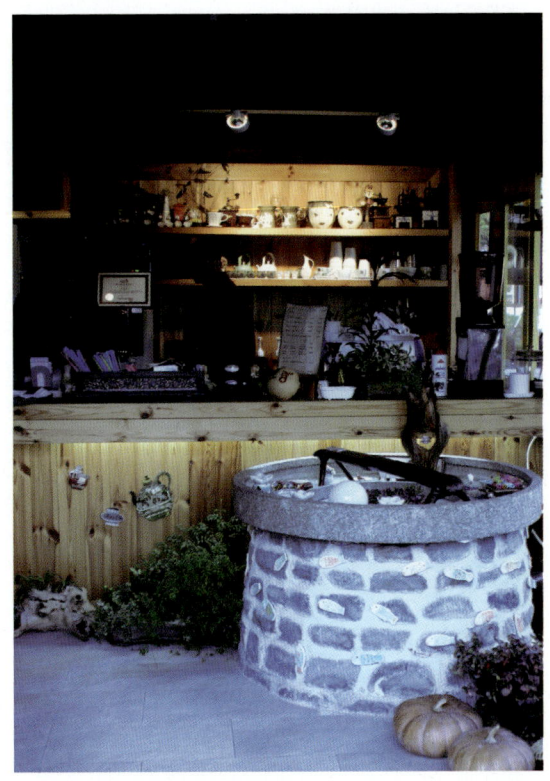

한옥마을의 변화와 미래

지금 각 지역마다 한옥 열풍이 불고 있긴 하지만, 정작 그 진원지와 방향은 다소 애매모호하다. 게다가 고조선 시대 어느 한 시기에 형성되기 시작했던 이른바 초기 한옥이, 중국 문물을 대거 걸머지고 들어온 낙랑(樂浪)의 수혈을 받아 좀 더 발전의 보폭을 빨리 했다가, 그 후 약 천여 년이 훨씬 넘는 긴 세월 동안 그저 약간의 디테일에서만 변화를 보였을 뿐 당대의 주거 공간으로서 조금도 손색이 없던 바로 그 한옥의 정형이 어느 새부턴가 동서양의 문물이 혼재된 모습으로 지금 우리 곁에 바짝 다가와 있기 때문이기도 하다.

이제 우리 전주한옥마을은 또 한 차례 큰 변화의 용트림을 해야만 한다. 앞으로 더 나갈 것이냐, 그냥 주저앉을 것이냐. 또 순수 혈통을 보존할 것이냐, 시대 변화에 순응할 것이냐 하는 기로에 서있다. 이를 의식한 탓인지 여기저기에서 공청회 자리도 마련되고, 때로는 이해관계에 얽힌 주민들이 갑론을박을 벌이기도 하지만, 누구나 수긍하고 만족하는 대안은 쉽사리 찾아낼 수 없을 것 같다.

하긴, 순수한 주거 기능을 더 보강하자는 얘기에도 일리가 있고, 상업시설의 확대를 우려하는 목소리도 들어볼 만하다. 또 행정 편의주의를 질타하는 고함은 물론, 아예 주말에는 차량을 전면 통제하자는 주장에도 박수를 보낸다. 그게다 우리 삶을 담아내는 주거 공간이 변화 발전해 나가는 일련의 자연스러운 과정이기 때문이다.

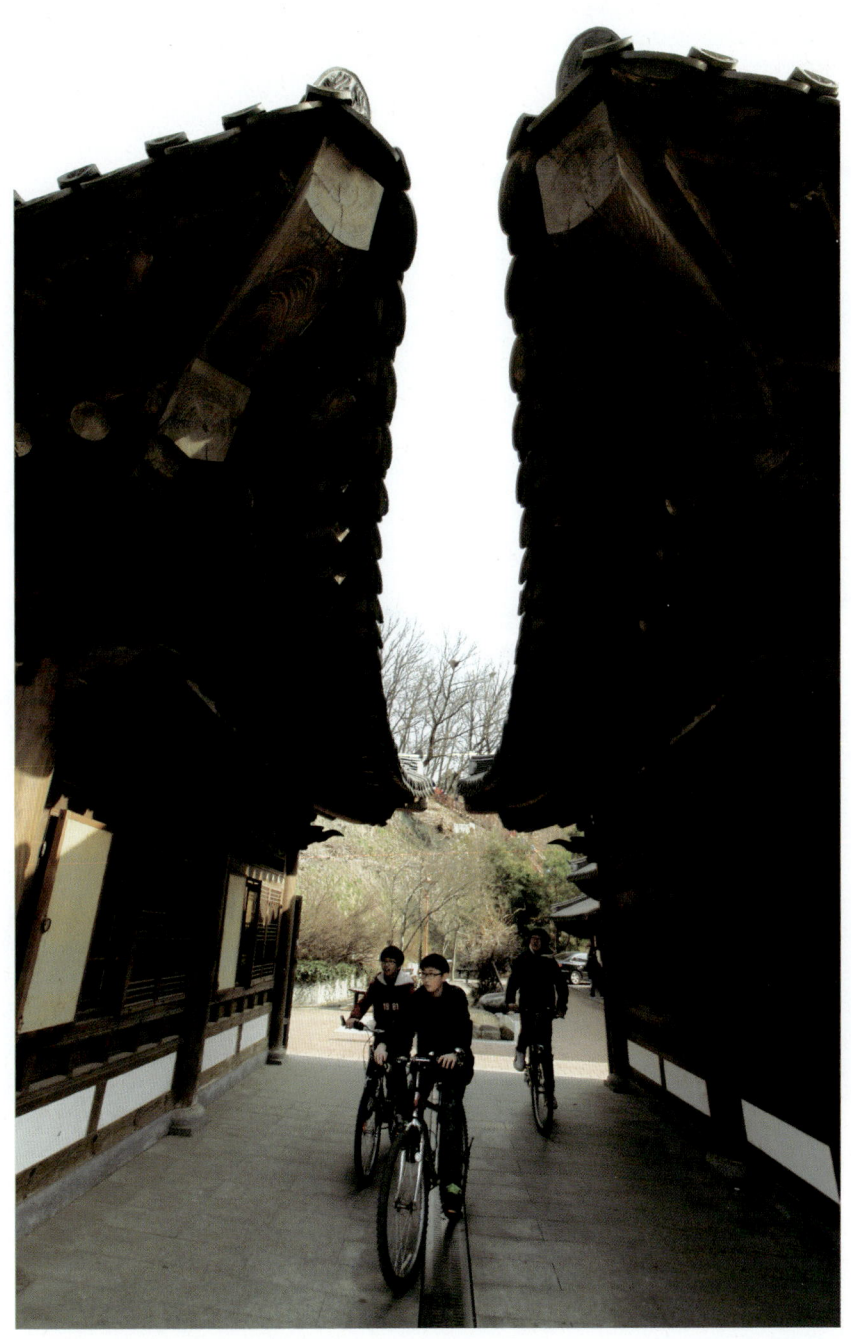

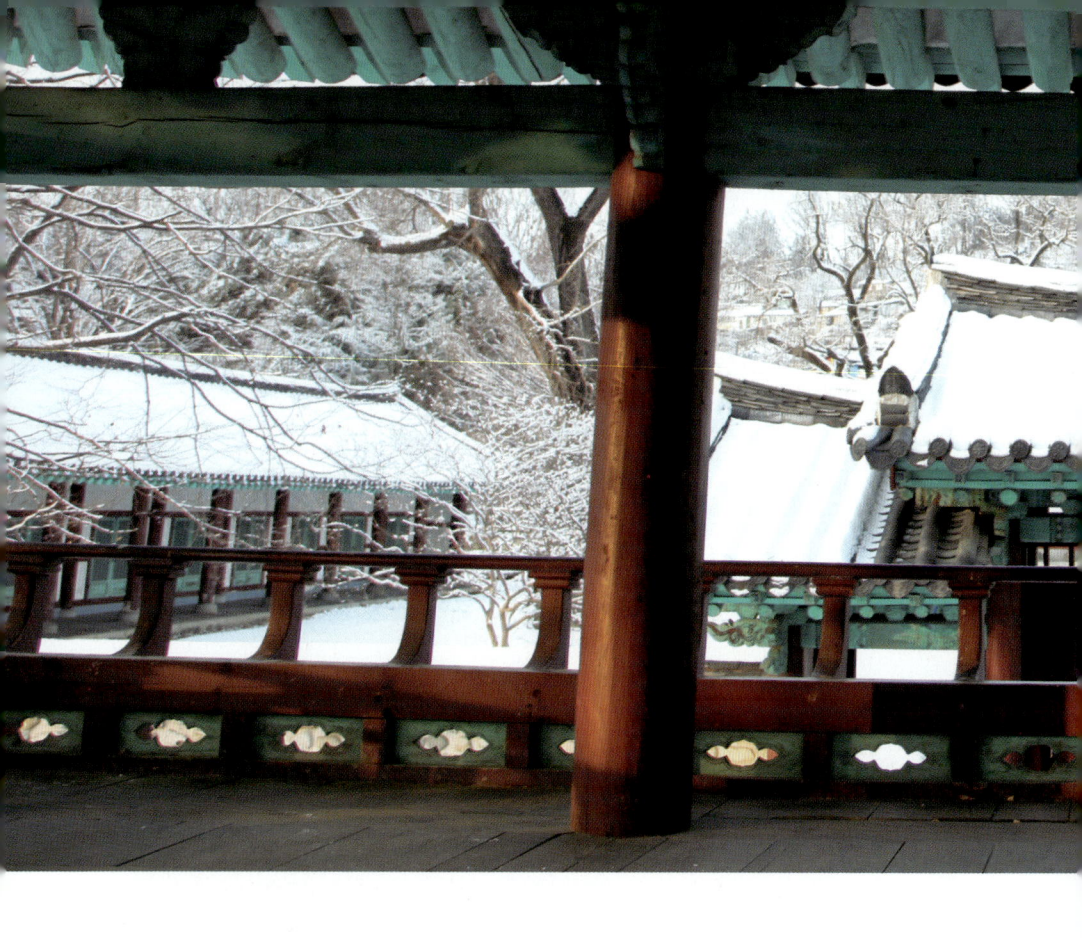

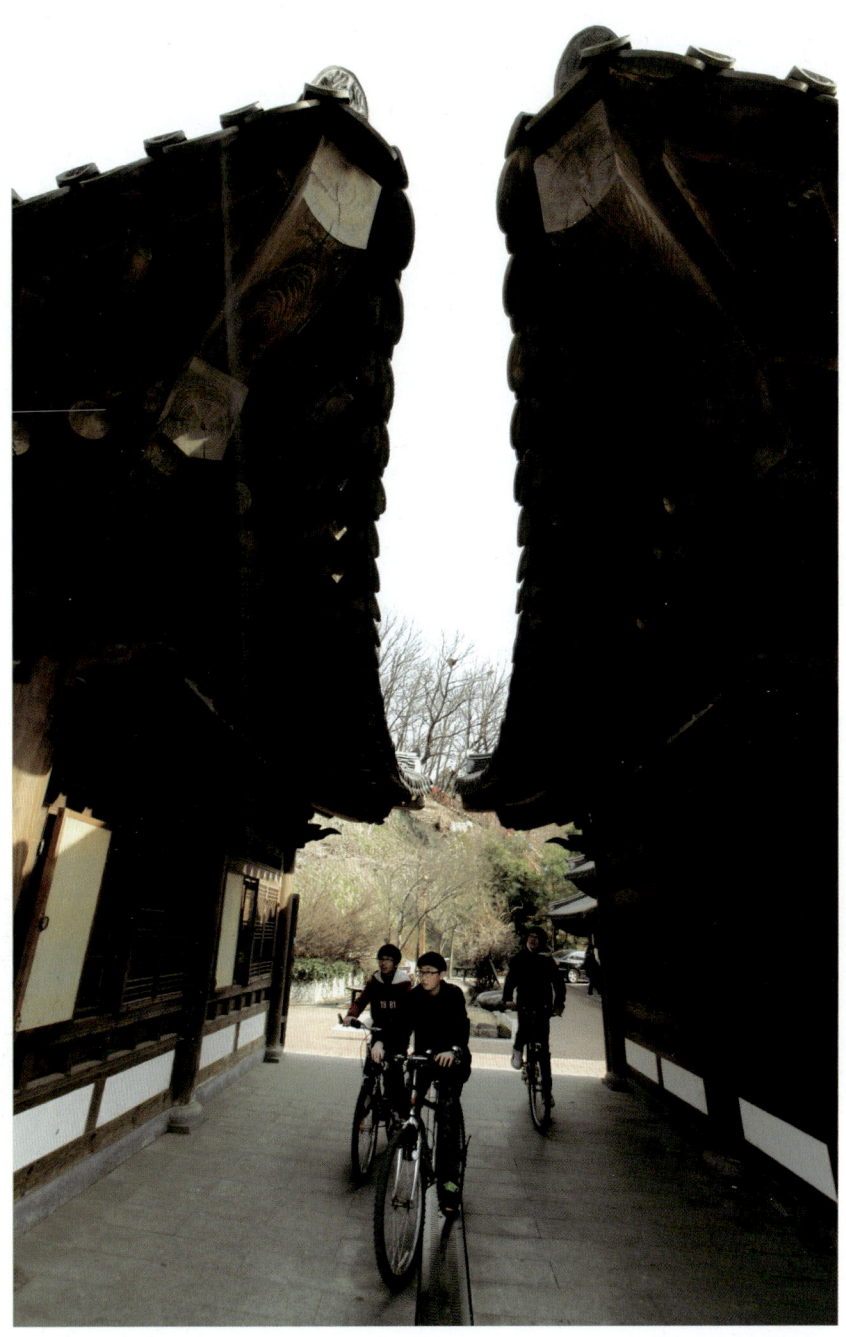

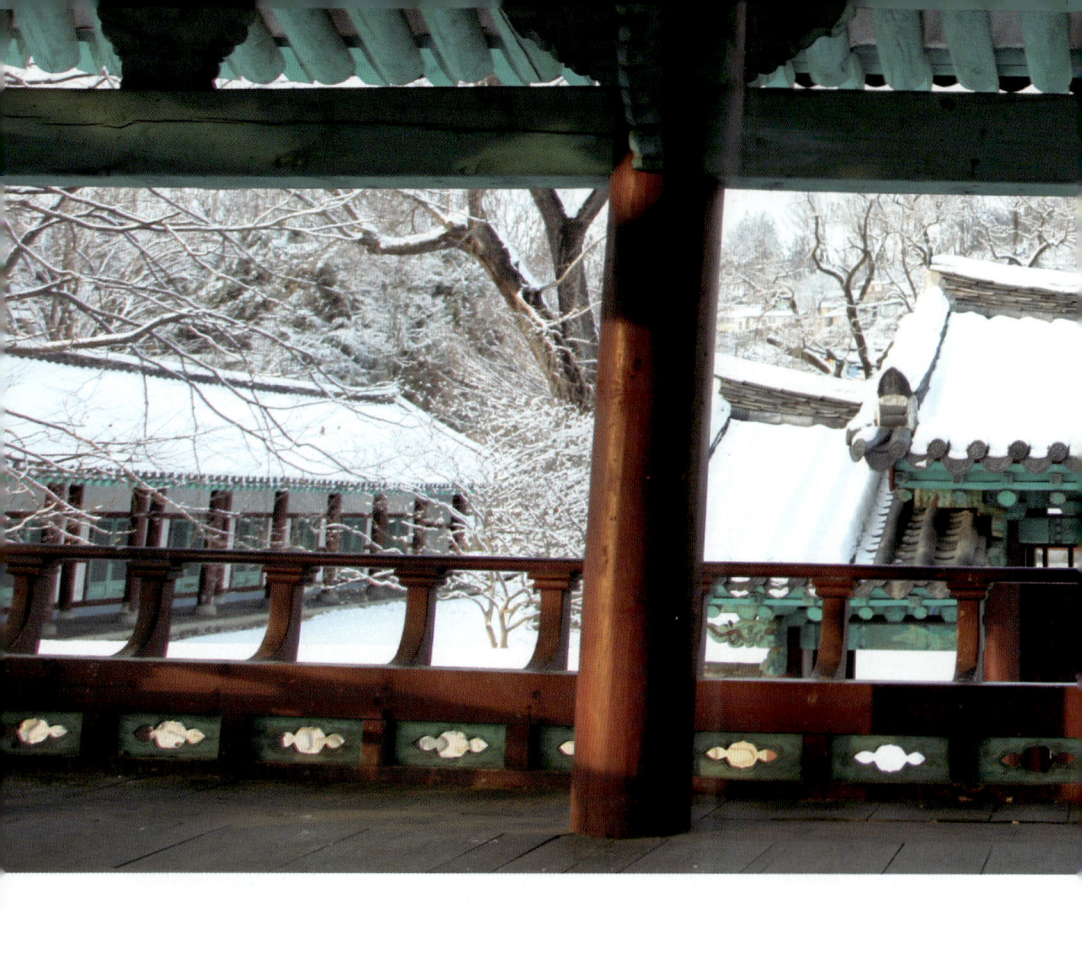

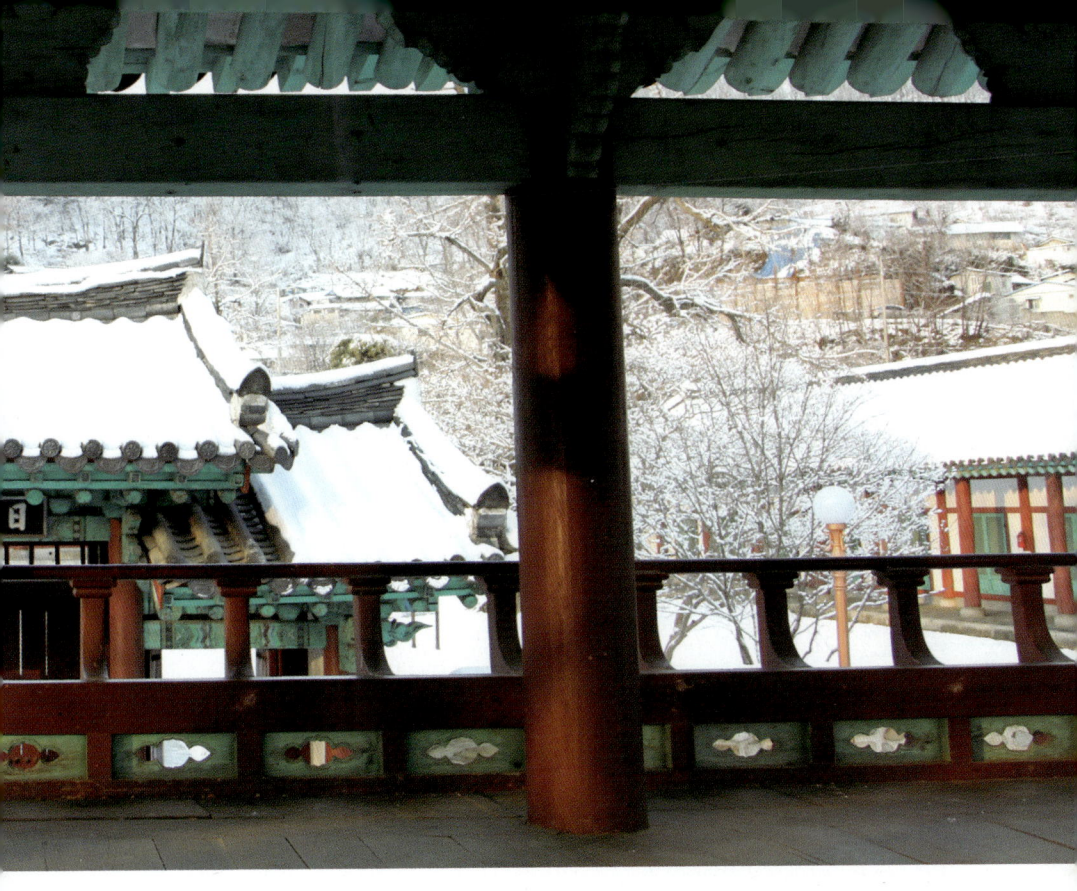

전주한옥마을의
문화유산

전주한옥마을의 관문, '풍남문'

한옥마을은 본래 전주 남문 밖으로 형성된 마을이었다. 전주부성에 석성(石城)을 쌓을 때 세워졌던 동서남북 사방의 네 문 가운데 유일하게 남은 성문이기도 하다.

고려 말 전라도 관찰사 최유경이 전주성을 창건할 때 동서남북 사방에 문을 두면서 풍남문(보물 제308호)이 세워졌다. 정유재란 때 성벽이 파괴되었고, 조선 영조 10년 관찰사 조현명이 네 문을 부흥했다. 하지만 겨우 33년 만인 1767년에 화재로 인해 남문과 서문이 전소됐다. 같은 해 9월에 부임한 관찰사 홍낙인

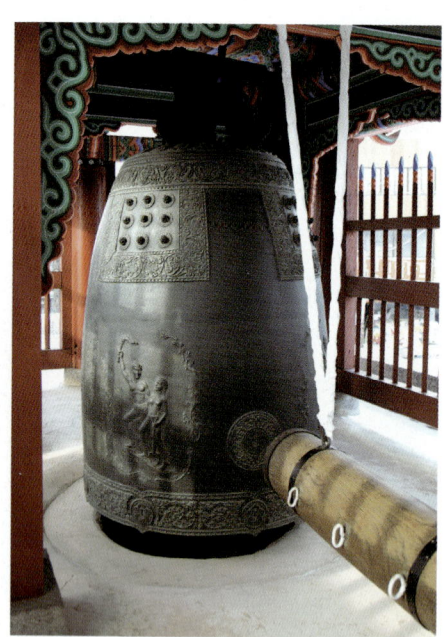

우여곡절 끝에 만들어진 풍남문 동종

이 두 문을 재건하고 남문을 '풍남문(豊南門)', 서문을 '패서문(沛西門)'이라고 개칭했는데, 동문의 이름을 '완동문(完東門)', 북문의 이름을 '공북문(拱北門)'이라고 했다.

'풍남문', '패서문'의 '풍'과 '패'는 중국의 지명에서 따온 것이다. '풍패'는 한나라 고조 유방의 고향으로, 정확하게는 '패현(沛縣)', '풍읍(豊邑)'이다. 조선 태조 이성계 고조(高祖)의 고향이 전주라서 은유적으로 이런

명칭을 붙였다.

풍남문에 걸려 있는 큰 종(鐘)은 순조 10년인 1830년에 주조되었지만 정유재란 때 문과 함께 불타 없어졌다. 그로부터 십여 년 후에 관비를 들여 새로 종을 주조해 걸었는데, 크기도 작고 소리도 작았기 때문에 전주부성 인사들의 불만이 높았다는 기록이 전해지기도 한다. 그 뒤 많은 우여곡절을 겪은 후 현재의 종이 만들어졌다.

풍남문은 누대를 겸한 석문이 성벽을 따라 안쪽으로 내밀게 구형을 쌓고, 이 석축 중앙에 통로를 두었으며, 통로의 내·외면에 무지개 모양의 석물을 쌓아 홍예문(虹霓門)을 만들고, 그 위에 문루를 설치하였다. 이 기단대로 연장 97.5m의 여담 쌓기와 치석 6856개를 들여 옹성 1933m를 축조하여 복원하였다. 1980년 중건공사 때 풍남문 양쪽에 있었다는 포루와 종각을 옹성과 함께 복원하였다.

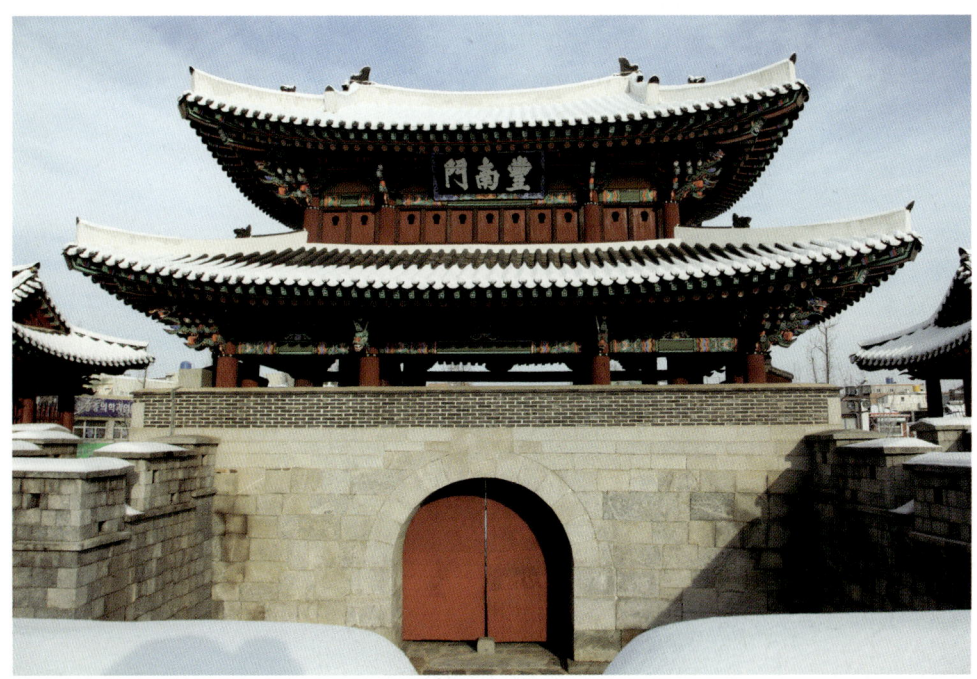

풍남문(보물 제308호)
전주에서 생산되는 농산물을 군산으로 옮겨 일본으로 가져가기 위해 '전군가도'를 만들면서 1905년, 조선통감부의 폐성령(廢城令)에 의해 전주부성 4대문 중 풍남문을 제외한 3대문이 동시에 철거되었다.

문루의 규모는 1층이 앞면 3칸·옆면 3칸, 2층이 앞면 3칸·옆면 1칸으로 너비는 동서 23.6m, 남북 10.6m이며, 높이는 17.2m에 이른다. 1층 지붕은 우진각의 형태를 취하고, 2층은 팔작지붕이다. 지붕과 처마를 받치는 구조는 공포를 기둥 위에만 짜 넣은 주심포식이다. 평면상에서 볼 때 1층 너비에 비해 2층 너비가 갑자기 줄어들어 좁아보이는데, 1층 안쪽 칸 기둥 8개를 그대로 2층까지 올려서 2층의 옆면을 1칸으로 줄였기 때문이다.

　　이 같은 수법은 우리나라 문루(門樓) 건축에서는 보기 드문 방식이다. 부재에 사용된 조각 모양과 1층 가운데 칸의 기둥 위에 용 머리를 조각해 놓은 점 등은 장식과 기교를 많이 사용한 조선 후기 건축의 특징이라고 할 수 있다. 옛 문루 건축 연구에 중요한 자료가 되는 문화재이다.

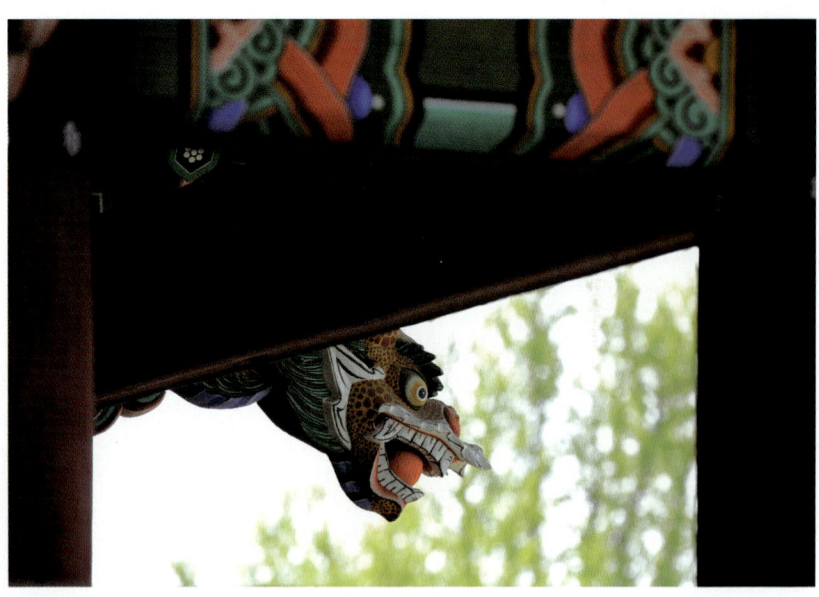

편액(扁額)

풍남문에는 3개의 편액(扁額)이 걸려 있다. 서자 미상의 '豊南門' 편액은 성문의 바깥 옹성 쪽 문루 2층에, 전라관찰사 서기순이 쓴 '湖南第一城' 편액은 옛 도성의 안쪽인 문루 2층에, 전라관찰사 조현명의 '明見樓' 편액은 2층 문루 안에 있다.

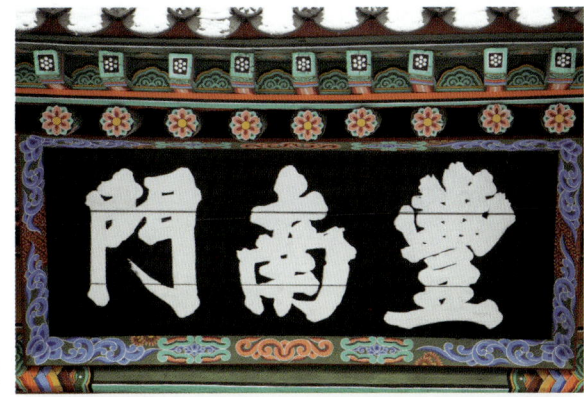

풍남문
서자 미상

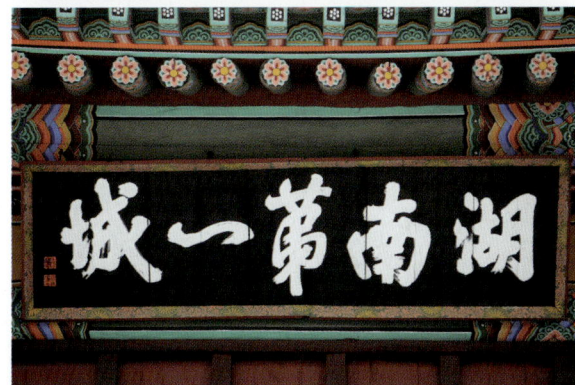

호남제일성
전라 관찰사 서기순이 쓴 서자로, 부드러운 필획 속에 강건함과 자연스러움이 전체적으로 조화를 잘 이루고 있다는 평에 따라 서예인들에게 모범이 되고 있다.

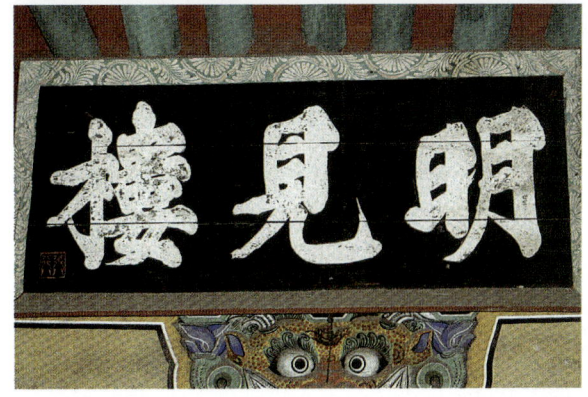

명견루
1733년 전라도 관찰사 조현명이 쓴 서자

전주 문명의 시작, '경기전'

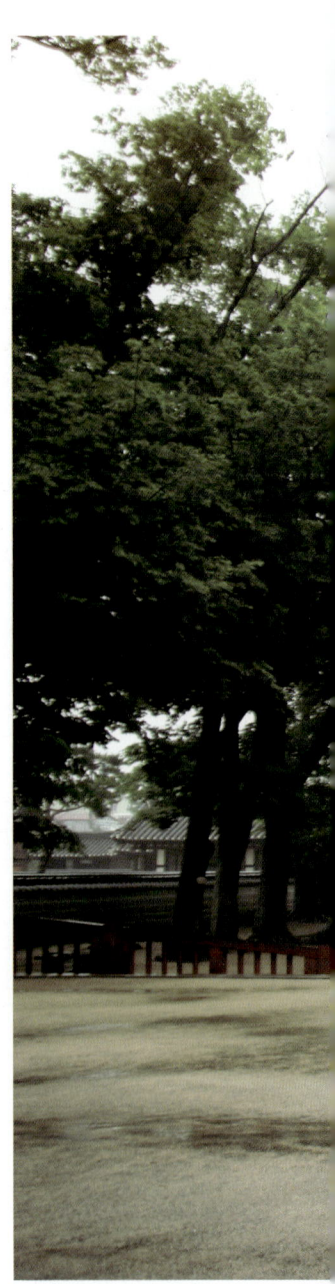

　풍남문에서 동서로 뻗은 1㎞가 조금 못 되는 도로가 태조로다. 조선 태조 이성계의 초상화가 봉안돼 있는 경기전 앞길이라서 '태조로'로 명명되었다. 임금의 화상(畵像)을 '어진(御眞)'이라고 하는데, 태조 어진은 국보 제317호로 지정돼 있다. 경기전(사적 제339호)에 모셔져 있는 태조 어진은 1872년 서울 영희전의 영정을 조중묵이 모사한 것으로 현존하는 유일한 태조 어진이다.

　어진은 조상을 기리는 일반 초상화와는 달리 그 자체로서 조종(祖宗)과 국가를 상징하는 중요한 기능을 지녔다. 따라서 어진은 따로 봉안하는 장소인 진전을 지어 귀하게 보전했다.

　어진은 그리는 과정과 방식에 따라 '도사(圖寫)', '추사(追寫)', '모사(模寫)'로 구분된다. '도사'는 왕이 살아 있을 때의 모습을 그리는 것으로 비슷하게 그리기가 가장 어려웠다고 하며, '모사'는 보관했던 어진이 훼손되거나 또는 새로운 진전에 모시게 될 경우에 이미 있던 그림을 보고 그대로 그리는 것이다. 어진은 어용화사에 의해 그려졌는데, 어용을 제작하기 위해 설치된 임시 관청인 어용모사도감에서 당대 최고의 뛰어난 화가들을 선발했다.

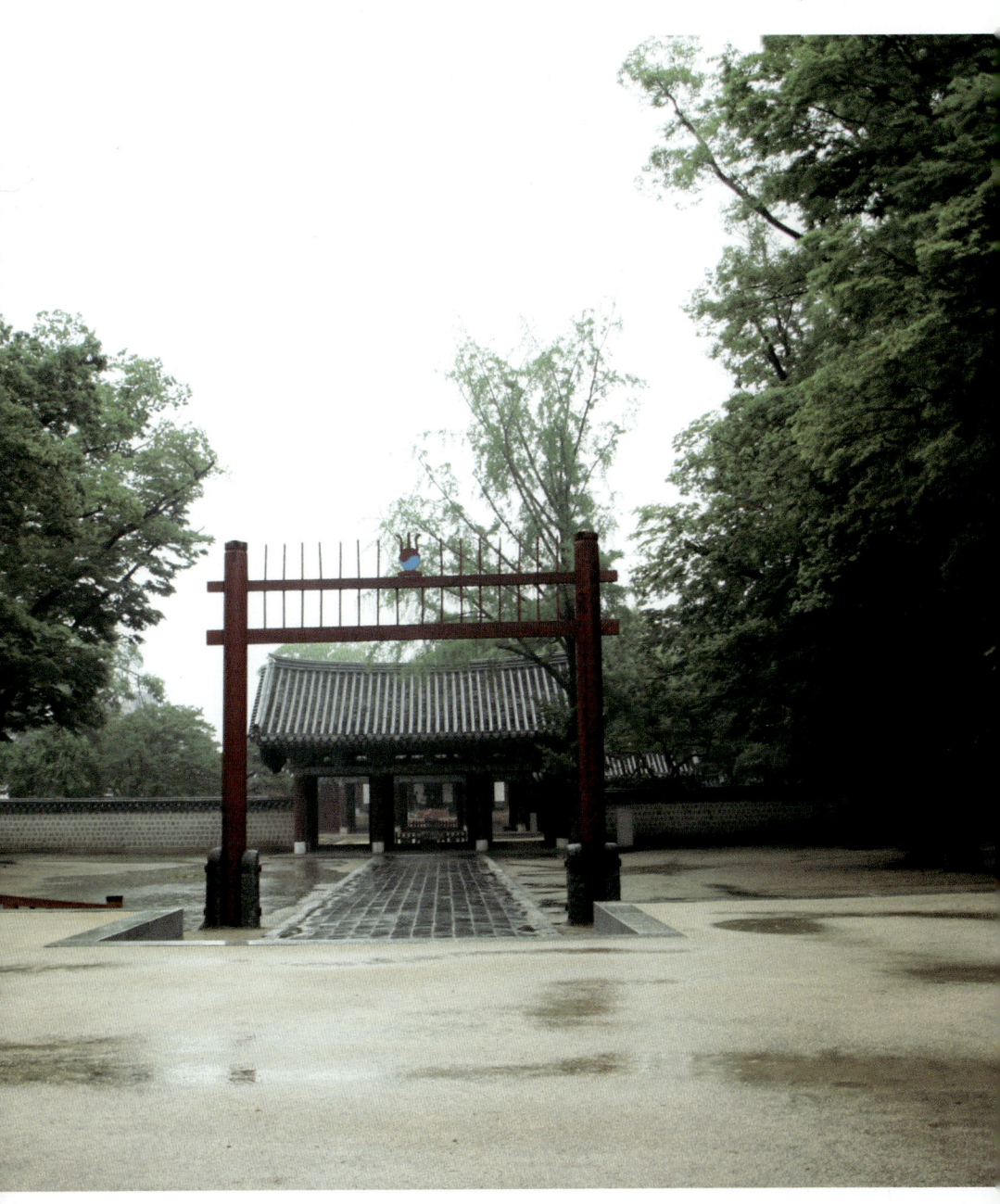

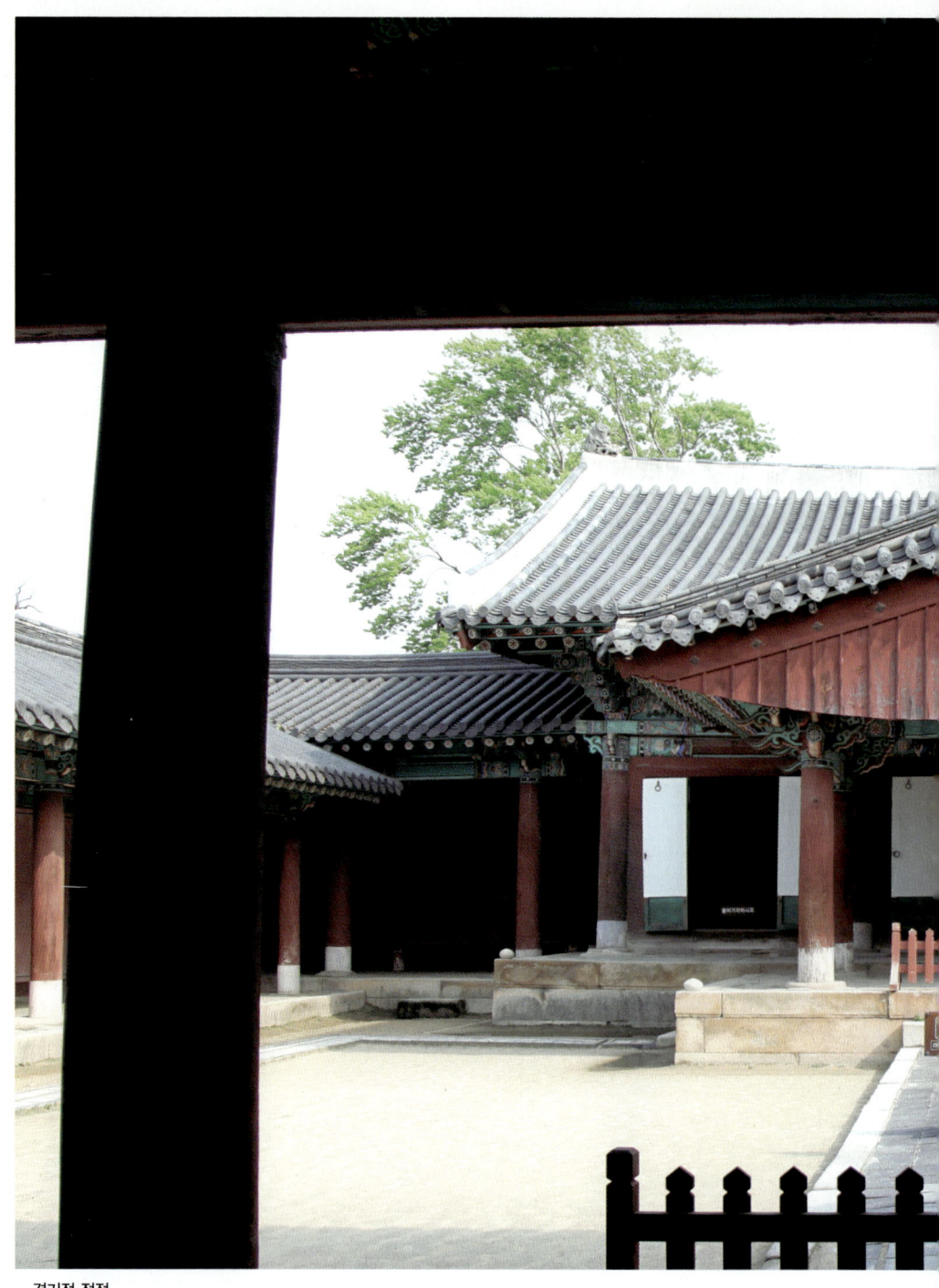

경기전 정전
신(神)들이 다니는 '신도'가 중앙에 나 있다.

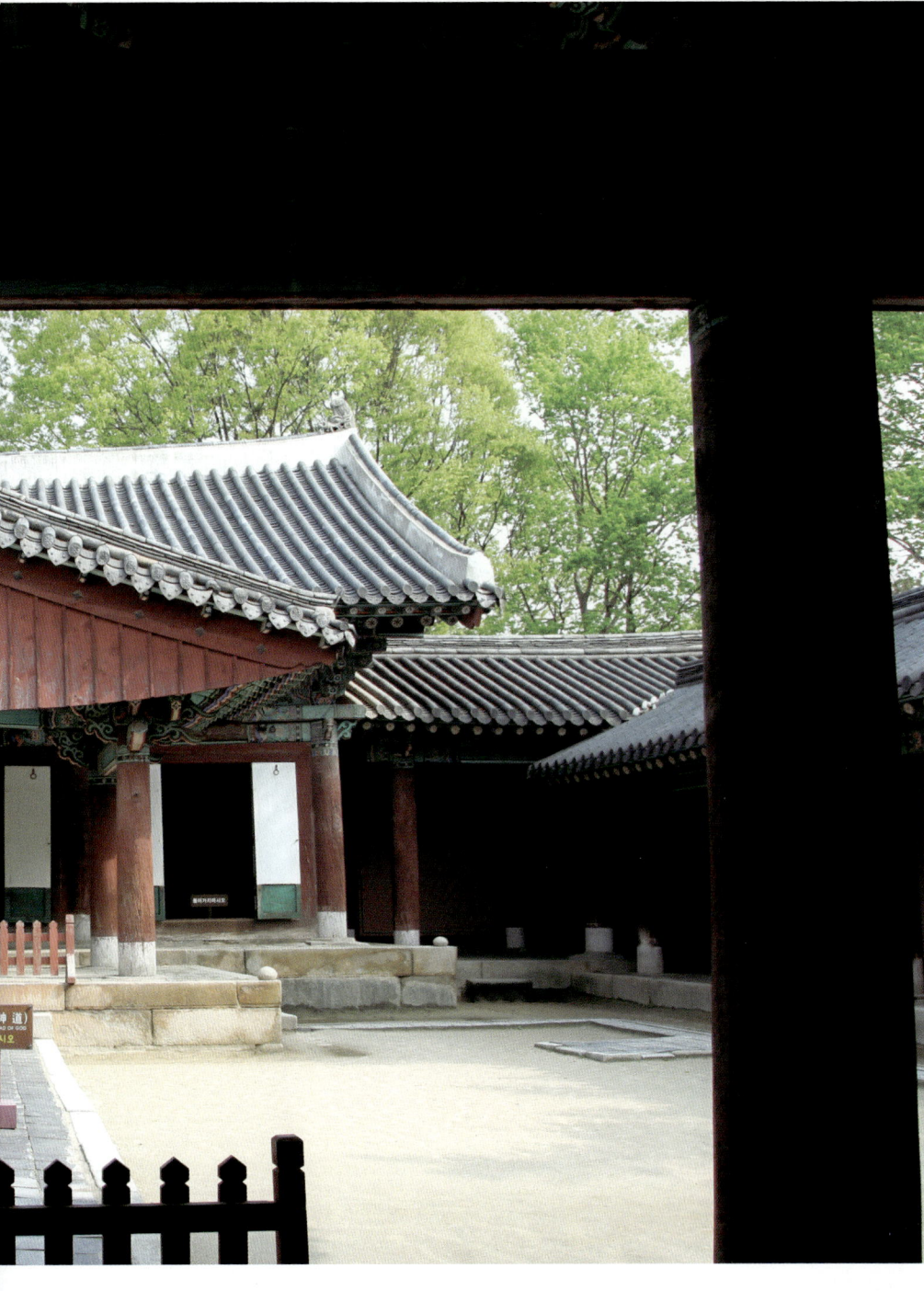

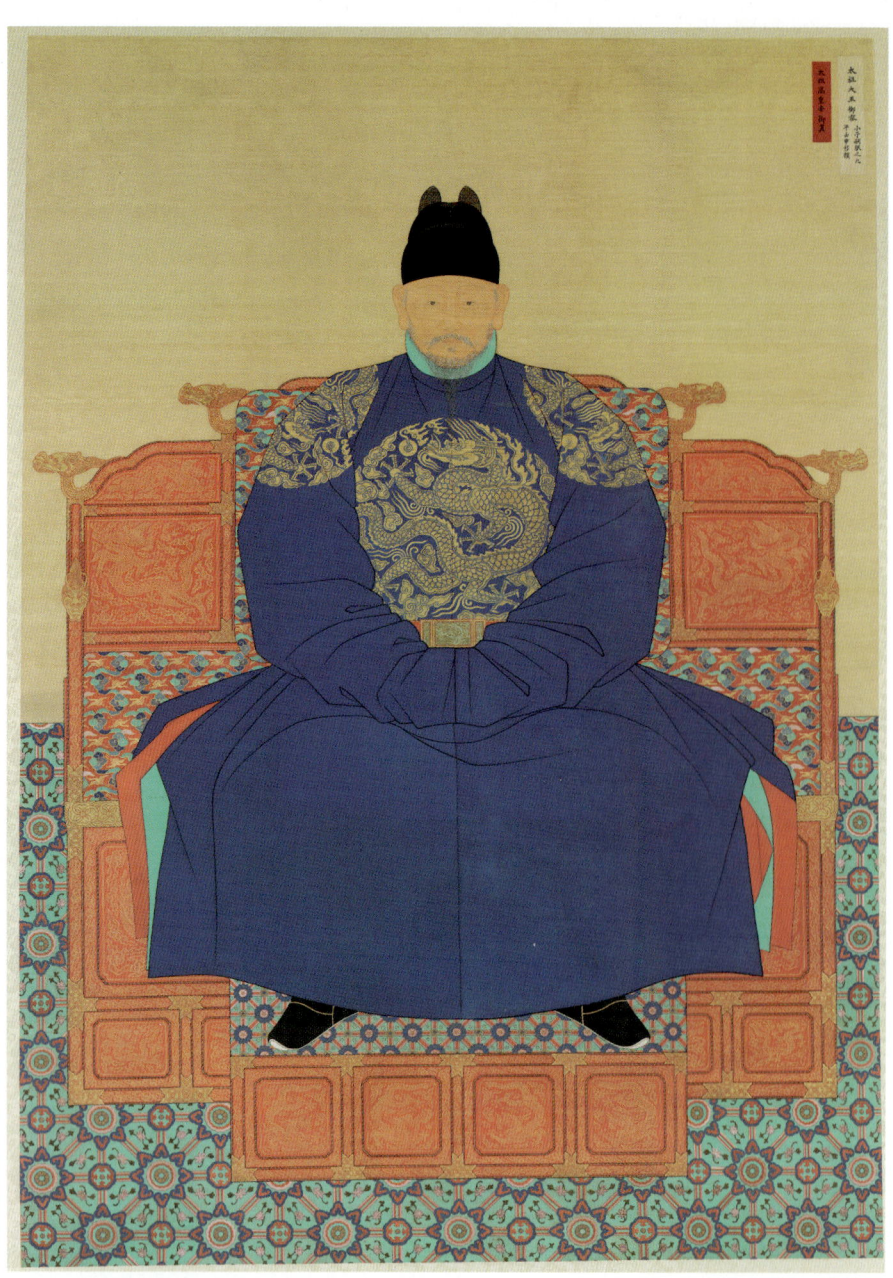

태조 어진(국보 제317호), 2012년 6월 29일 국보 승격

조선 시대 이성계의 어진을 모신 태조진전은 당시 조선팔도 중 다섯 곳에 세웠다. 왕실의 본향인 전주, 태조가 태어난 영흥, 태조의 구택(舊宅)이자 고려 수도였던 개성, 고구려의 수도였던 평양, 신라의 수도였던 경주에 세웠다.

태조진전은 처음에 '어용전(御容殿)', '수용전(晬容殿)', '영전(影殿)' 등으로 불렸다. 지금같이 영흥 준원전, 평양 영숭전, 경주 집경전, 개성 목청전, 전주 경기전 등으로 불리게 된 것은 세종 24년(1442)부터이다. 준원전·집경전·영숭전은 태조 때에 지어졌고, 태종 10년 9월에 전주 경기전을, 태종 18년(1418) 5월에 개성 목청전을 추가로 건립하였다.

어진을 모신 진전을 세워 백성들에게 오랫동안 국가의 시조(始祖)를 잊지 않고 경모하게 하는 한편, 옛 왕조의 도읍에 진전을 건립하여 그 곳 백성들의 소외감을 위무하여 지지를 이끌어 내려는 정치적 목적도 있었던 것으로 보여진다.

경기전은 태종 10년인 1410년, 조선 태조의 초상화를 모시기 위한 목적으로 창건되었다. 임진왜란이 발발하자 행재소(임금이 지방 행차시 머무는 곳)로 어진을 옮겼는데, 마침 경기전은 그때 불에 타고 말았다. 어진이라도 사전에 옮길 수 있었던 게 천만다행이었다. 광해군 6년 가을에 관찰사 이경전이 경기전을 중건하고 어진을 다시 모셨다. 이경전은 감격에 겨워 상량문을 썼는데, 그 일부를 소개하면 다음과 같다.

대들보 동쪽으로 만두를 던지니
높고 높은 당당한 산악들이 만 길이나 우뚝한데
그 기운이 어떠한가? 왕성하고 왕성하여라.
대들보 남쪽으로 만두를 던지니
높이 솟은 저 통문은 도성으로 둘려 있고
여염집 가득하니 밥 짓는 연기가 태평스럽다.
대들보 서쪽으로 만두를 던지니…….

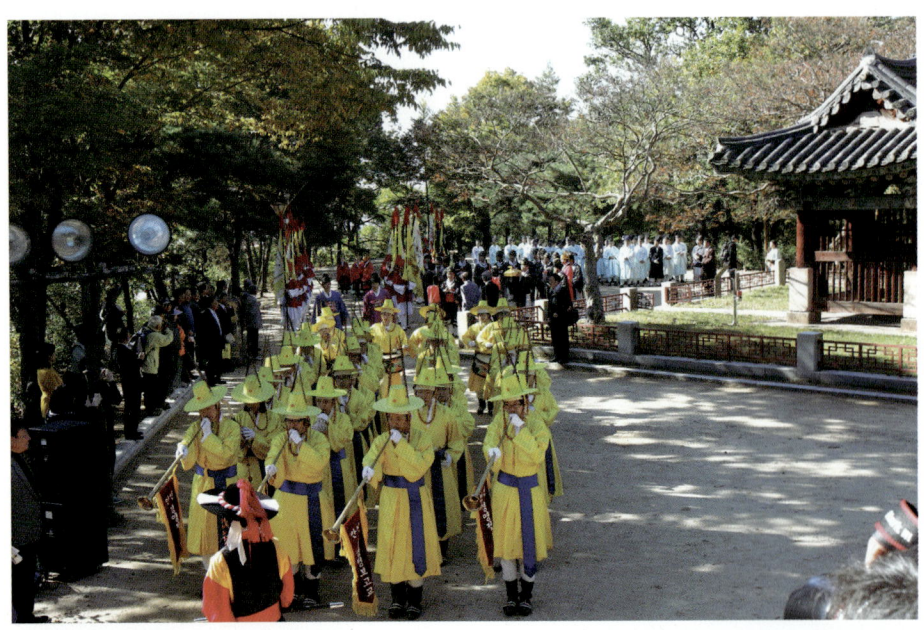

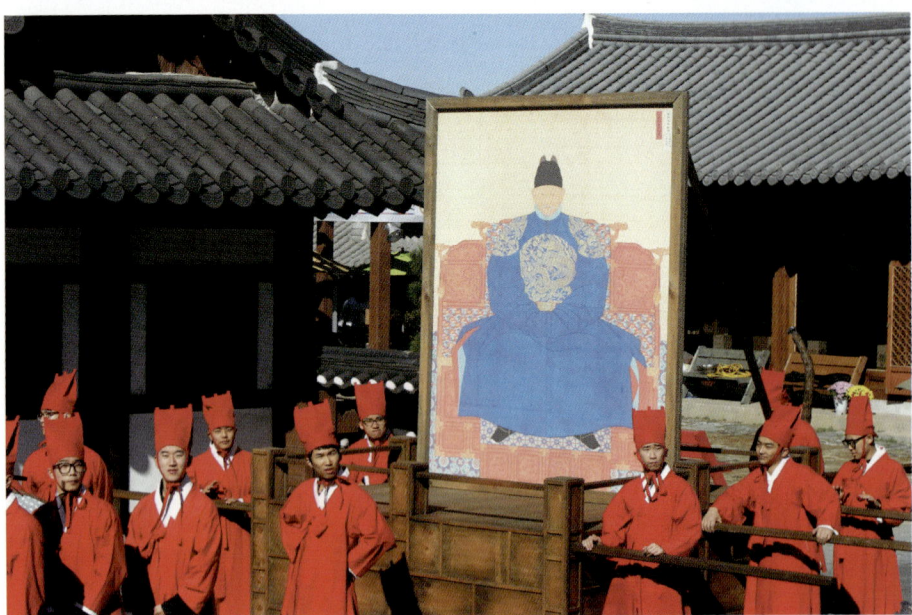

태조어진국보승격 이안행렬및고유제

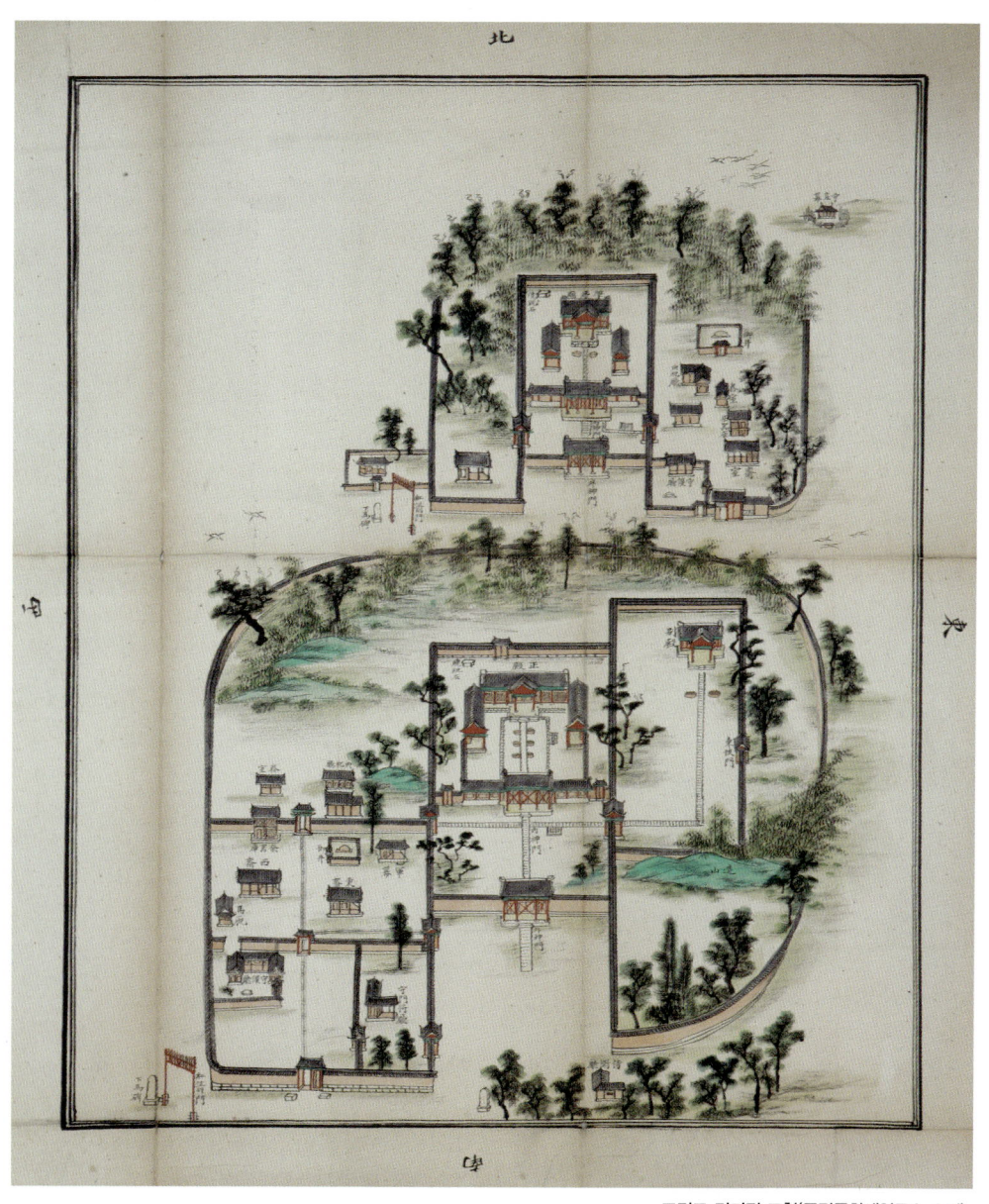

北

西

東

남

조경묘 경기전 도형(국립문화재연구소 소장)

경기전의 건물은 본전, 헌, 익랑 등으로 이루어져 있다. 이를 내삼문과 외삼문으로 둘렀다. 본전(本殿)은 남향한 맞배집에 다포식(多包式) 건물로 정면 3칸·측면 3칸인데, 건물 안의 세 번째 기둥 열에 고주(高柱)를 세우고, 그 가운데에 단(壇)을 놓았다. 이 단의 양옆에는 일산(日傘)과 천개(天蓋)를 세웠다. 본전 앞의 헌(軒)은 본전보다 한 단 낮게 쌓은 석축 기단 위에 4개의 기둥을 세우고, 이익공식(二翼工式) 포작(包作)을 올린 맞배지붕 건물이다. 본전과 헌의 구성은 정자각(丁字閣) 구성과 같다. 그 외에 창고를 위시하여 '여고(輿庫)'와 '실록각(實錄閣)'이라고 하는 문고(文庫)가 있다.

경기전은 고목이 울창한 넓고 고즈넉한 경내에 정전(正殿)을 비롯한 많은 전당이 들어서 있어 장려함의 극치를 이룬다고 옛 전주부사(全州府史)에 묘사되어 있다. 실제로 경내의 뜰과 숲만 봐도 좋다고 말하는 이들이 적지 않다. 경기전은 그 주변 일대와 더불어 사적(사적 제339호)으로 지정된 외에 경기전 자체의 건물만은 전라북도 유형문화재 제2호로 별도 지정되어 있다.

경기전 앞에는 '하마비(下馬碑)'가 있다. 암수 두 마리의 돌 사자상이 비석을 받치고 있는데, 지방에서는 쉽게 볼 수 없는 것으로, 흰 대리석 돌기둥에 새겨진 글자는 두 행(行) 열 자로 이루어져 있다.

지차개하마 잡인무득입(至此皆下馬 雜人毋得入)
이 곳에 이르렀거든 모두 말에서 내리라. 잡인들은 출입할 수 없다.

한마디로, 임금의 어진이 모셔진 신성한 곳이니 이 곳에 이르는 자는 지위의 높고 낮음과 신분의 귀천을 떠나 모두 말에서 내리고 잡인들은 애초 출입을 금한다는 뜻이다.

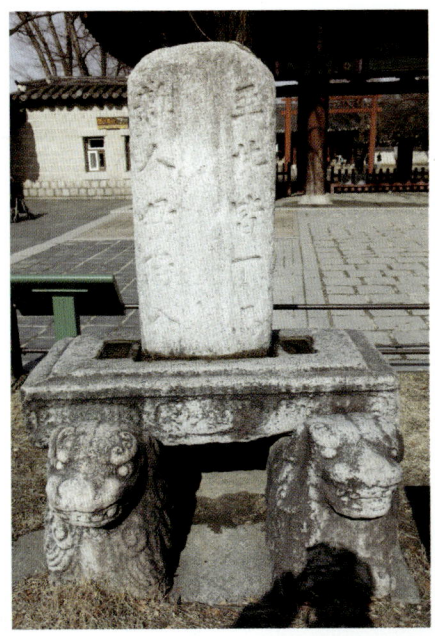

하마비
신분의 높고 낮음을 떠나 이 곳에서는 모두 말에서 내리라는 표석이다. 암수 두 마리 사자가 비석을 받치고 있다.

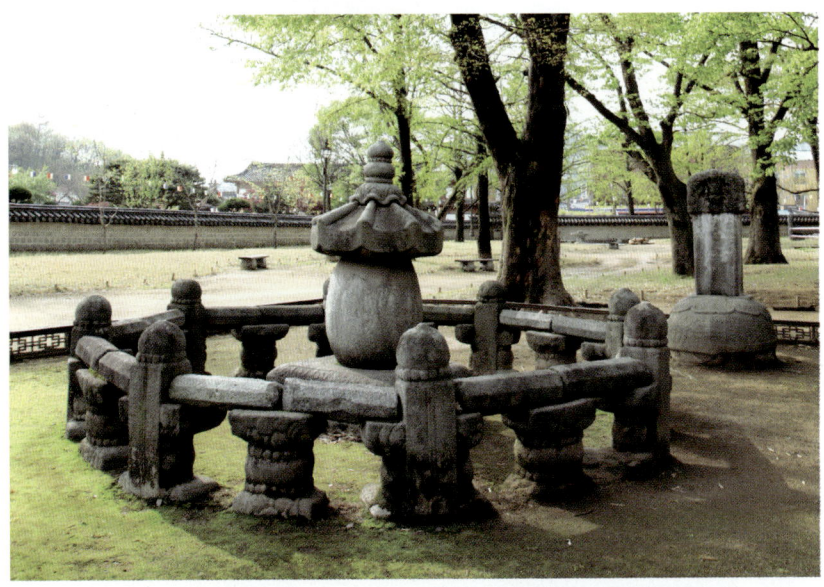

예종 대왕 태실(전라북도 민속자료 제26호)
예종 대왕의 '태'를 묻은 석실이다. 옆에 태실비가 있으며 조선총독부가 태항아리를 가져갈 때 파괴되어 구이초등학교 부근에 있던 것을 1970년에 경기전 경내로 옮겼다.

전주 이씨 시조 위패를 모신 '조경묘(肇慶廟)'

경기전 북쪽 경내에는 전주 이씨 시조인 이한(李翰) 부부의 위패를 모신 조경묘(전라북도 유형문화재 제16호)가 있다. 이한은 태조의 21대조로서 신라 시대 사공(司空) 벼슬을 지냈으며, 배위(配位)인 경주 김씨는 신라 태종 무열왕의 10세손 군윤(軍尹) 은의(殷義)의 딸이다. 전하는 이야기에 따르면, 전주 이씨는 전주 동쪽 근교의 발산 아래 자만동에 거주하였다고 한다. 태조의 4대조 이안사가 전주 권력자와의 싸움에서 패해 그들의 횡포를 피해 가솔을 데리고 외가가 있는 강원도 삼척을 거쳐 함경도 덕원 땅에 옮겨 갈 때까지 19대가 전주에 세거(世居)한 셈이 된다. 그러나 당시까지만 해도 시조 묘가 없었다. 영조 47년(1771)에 이득리 등 7도 유생들의 상소로 경기전 정전 북쪽 편에 세워 오늘에 이른다.

조경묘는 조선 왕조의 시조를 모신 장소답지 않게 규모는 작지만 홍살문·외삼문·내삼문이 있고, 내부에는 신과 향축패가 오가는 신도(神道)와 향로(香爐)가 놓여 있는 등 왕실의 법도를 많이 따르고 있다. 우측에는 제법 큰 규모의 재실(齋室)이 있다. 매년 봄가을로 조경묘와 경기전에서 대제(大祭)가 봉행되고 있다.

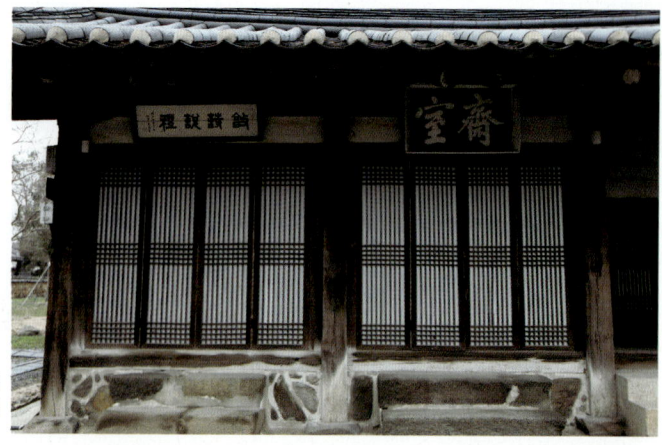

재실과
'돈시열례' 편액

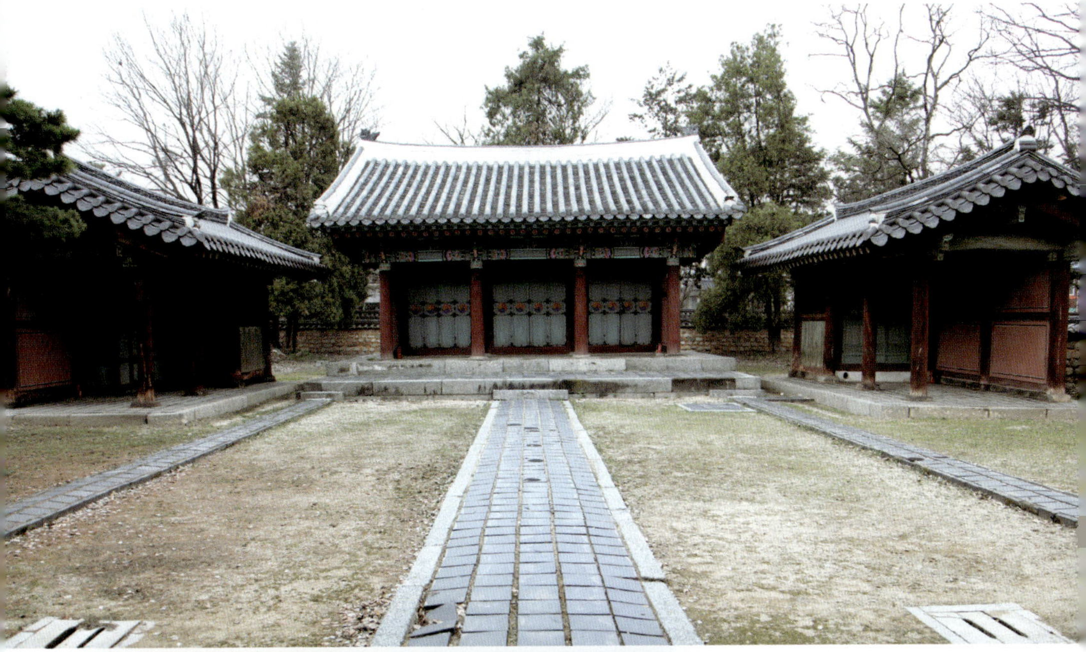

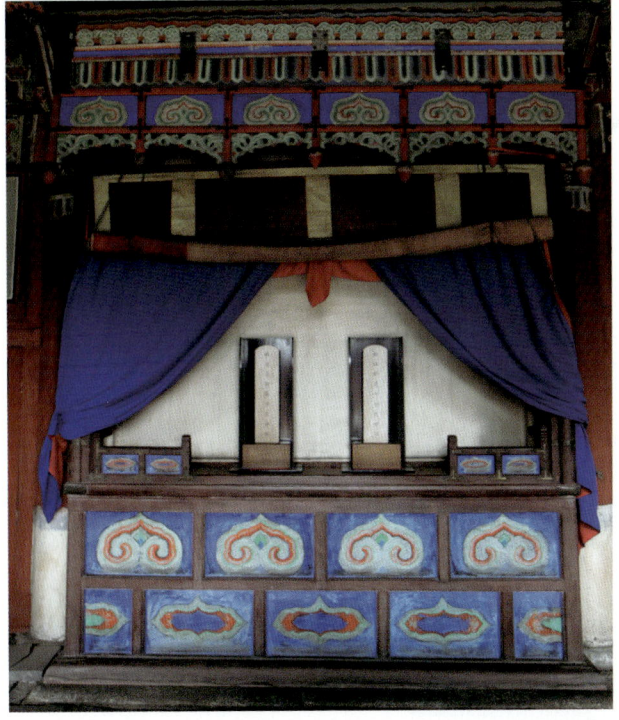

조경묘(전라북도 유형문화재 제16호)
전주 이씨 시조인 이한(李翰) 부부의 위패를 모신 곳으로, 영조 47년(1771)에 이득리 등 7도 유생들의 상소로 경기전 정전 북쪽에 세웠다. 규모는 작지만 홍살문·외삼문·내삼문이 있고, 왕실의 법도를 많이 따르고 있다.

『조선왕조실록(朝鮮王朝實錄)』을 지킨 '전주사고(全州史庫)'

　경기전 경내에서 주목해야 할 곳은 '실록각'으로 불리는 '전주사고'이다. '사고'는 나라의 역사 기록을 적은 실록(實錄)과 중요한 서적·문서 등을 보관하는 국가의 서적고(書籍庫)이다. 전주사고는 성종 4년(1473)에 경기전 동쪽 담장 안에 설치되었다.

　조선은 개국 초부터 역대 실록을 모아 한양 춘추관을 비롯해 충주·전주·성주 등 네 곳의 사고에 보관하도록 했다. 하지만 숱한 변천과 전란의 와중에 모두 없어지거나 불에 타고 오로지 전주사고, 곧 이 실록각의 것만 온전히 남아서 조선의 역사를 보존하는 데 절대적인 공헌을 했다. 그때 보존된 실록이 세계유산으로 등재된 『조선왕조실록(朝鮮王朝實錄)』이다.

　1592년(선조 25), 임진왜란이 일어나 모든 사고가 병화(兵火)로 불타 실록이 소실되었다. 전주사고도 1597년 정유재란 당시 경기전과 함께 불에 탔다. 실록각이 불타기 전 실록의 중요성을 안 경기전 참봉 오희길을 비롯한 태인(泰仁)의 선비 손홍록, 안의 등의 노력으로 태조 어진은 내장산 용굴암으로, 실록은 7월 14일 더욱 깊숙한 내장산 비래암으로 옮겨졌다. 이들은 하루도 떠나지 않고 교대로 실록과 태조 어진을 지켰다. 이들과 함께 영은사(내장사)의 승려 희묵과 무사 김홍무 등 의병 10여 명이 임무를 수행, 그 명맥을 잇게 되었다.

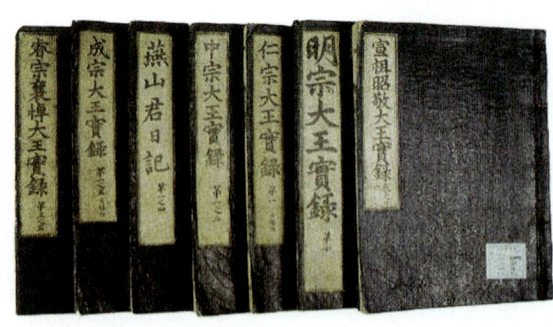

세계유산 『조선왕조실록』

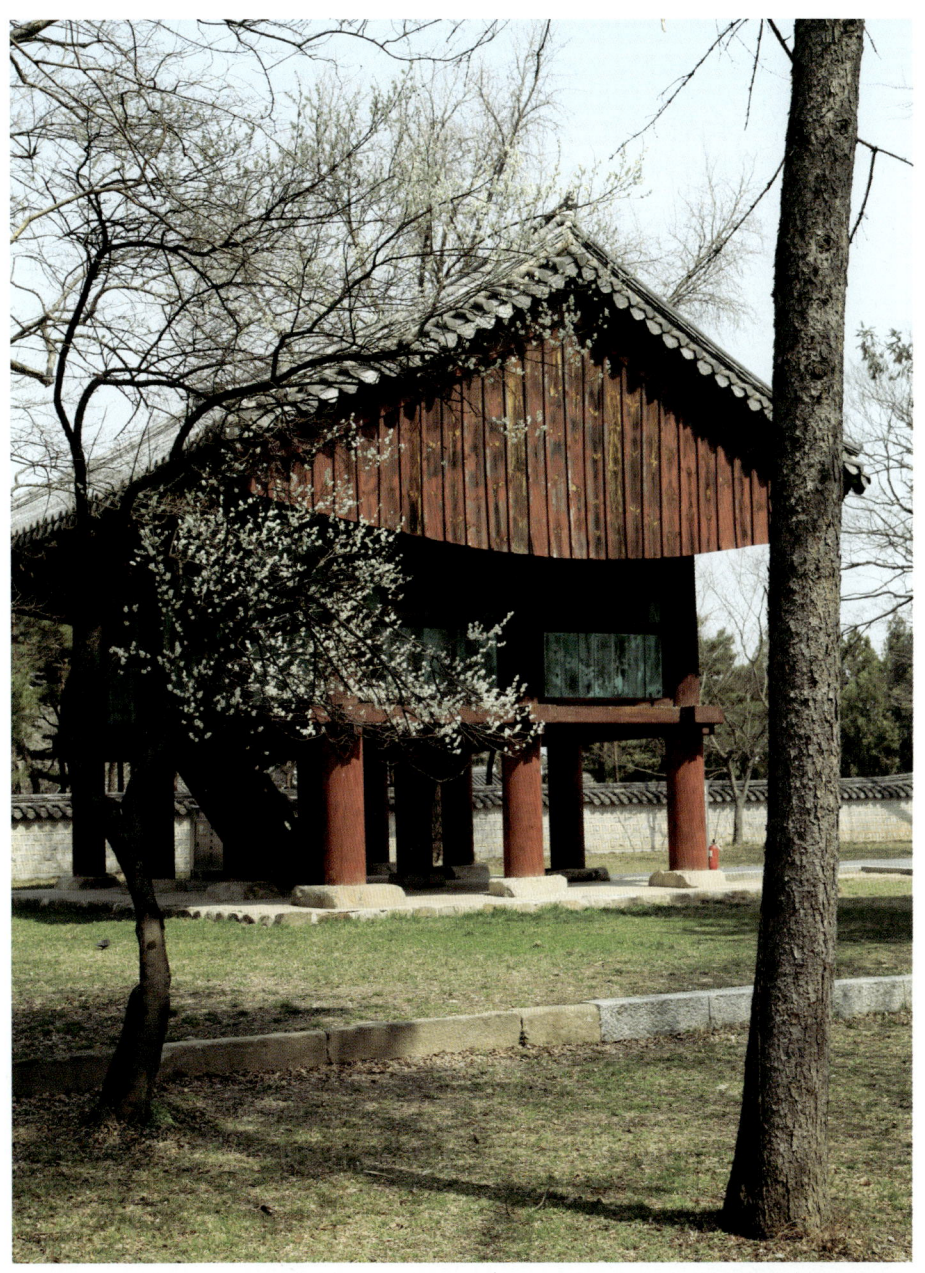

전주사고(全州史庫) 전경
실록각에 있던 『조선왕조실록』이 온전히 보존돼 오늘날 세계유산에 등재되는 영광을 얻었다.

전주의 존재 이유, '이목대(梨木臺) 오목대(梧木臺)'

한옥마을 동쪽에 낮은 산자락이 보이는데, '발산(鉢山)' 혹은 '발이산'으로 불린다. 둘 다 '바리때'라는 의미를 지니고 있다. 그 남쪽으로는 '승암산(僧庵山)'으로 불리는 산자락이 붙어 있는 것으로 봐서 모두 승암산 정상 부근에 서있는 스님 형상의 바위(중바위)에서 비롯된 명칭으로 보인다. 또 다른 주장도 있는데, 발이산(鉢李山)은 이씨가 발원한 산이라는 얘기다.

발산의 맥은 1930년대 전라선 철도가 지나가면서 끊어졌다. 나중에는 철로가 옮겨 가고 그 대신 대로가 생겼는데, 이 곳이 한옥마을 동쪽 경계를 이루는 '기린대로'다. 길 너머 산봉우리 기린봉에서 그 이름이 연유됐다. 둘 다 발산의 산자락에 있던 이목대와 오목대(전라북도 기념물 제16호)는 기린로로 인해 나뉜 몸이 되었다. 이름에 얽힌 사연은 배나무와 오동나무가 많아서 그런 이름이 붙

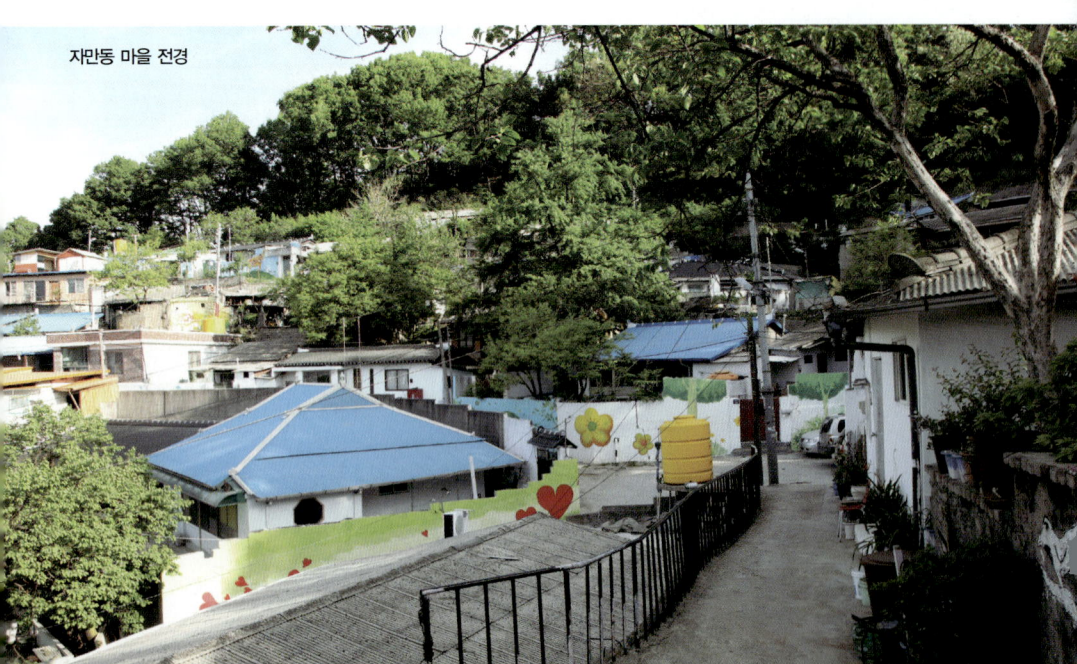

자만동 마을 전경

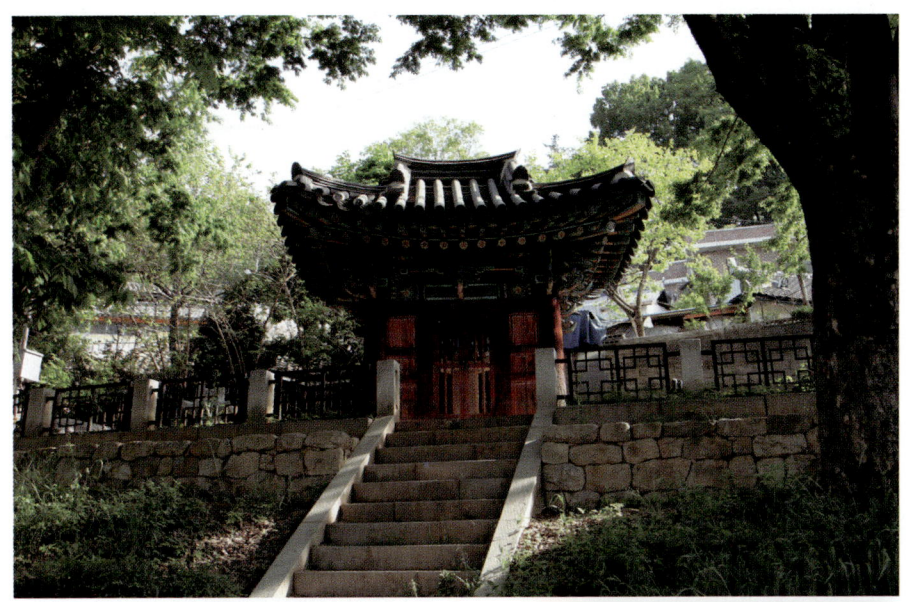

이목대 비각(전라북도 기념물 제16호) 전경
고종이 친필로 쓴 '목조대왕구거유지(穆祖大王舊居遺址)비'가 있다.

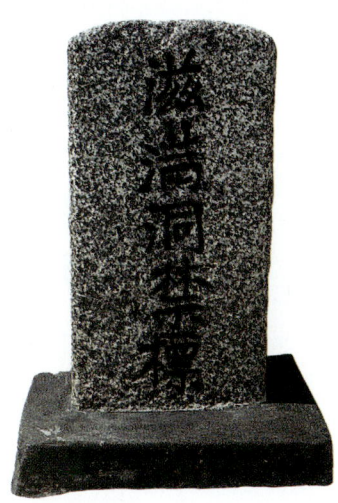

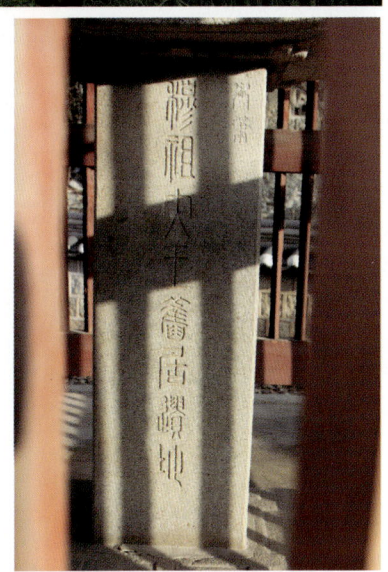

자만동 금표비
전주 이씨의 발상지이므로 외부인들의
출입을 금했던 '금표비'

었다고 추측할 뿐, 자세한 내용은 확인할 수 없다.

이목대는 태조 이성계의 4대조인 목조 이안사가 살았다는 집터에 세워진 비각(碑閣)이다. 내부에는 돌로 만들어진 비석이 있는데, '목조대왕구거유지(穆祖大王舊居遺址)'라는 고종 임금의 친필이 새겨져 있다. '목조대왕이 전에 살았던 터'라는 뜻이다. 오늘날에는 산비탈에 옹기종기 집들이 모여 있으며, 비각이 집들에 에워싸여 있다.

이목대가 단순한 비각 하나만 남은 데 비해 오목대는 규모가 큰 누각이다. 고려 장수였던 이성계가 최영 장군과 함께 황산에서 철갑으로 온몸을 보호한 천하무적 왜구의 장수 '아기바투'를 죽이고 대승을 거두었다. 황산대첩에서 대승을 거두고 개경으로 가던 이성계가 전주 이씨 본향인 이 곳에서 친지들의 환영을 받으며 잔치를 벌인 곳이다. 오목대 누각에는 이성계가 즉석에서 불렀다는 '대풍가' 시 편액이 걸려 있다. 누각 왼편으로는 고종의 친필로 새겨진 '태조고황제주필유지(太祖高皇帝駐蹕遺址)'라는 비석이 비각 안에 모셔져 있다. '조선을 창업한 태조께서 말을 멈추고 머물던 곳'이라는 뜻이다.

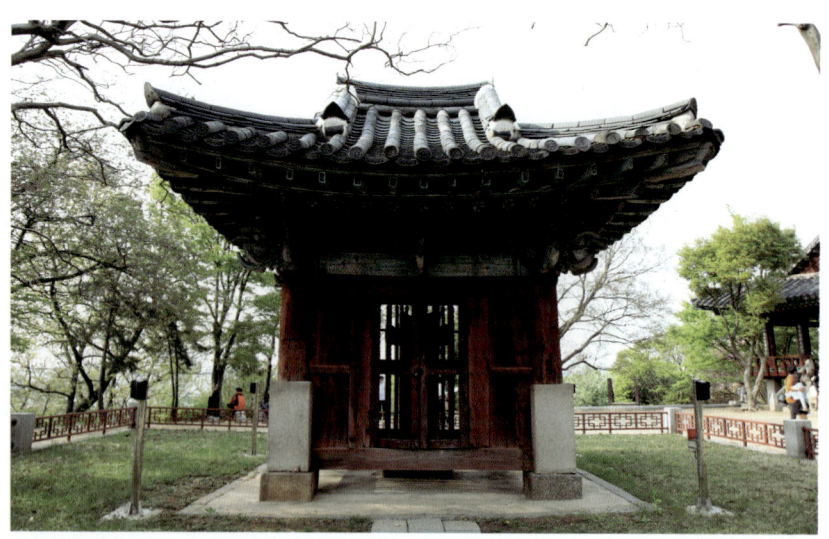

오목대 비각(전라북도 기념물 제16호)

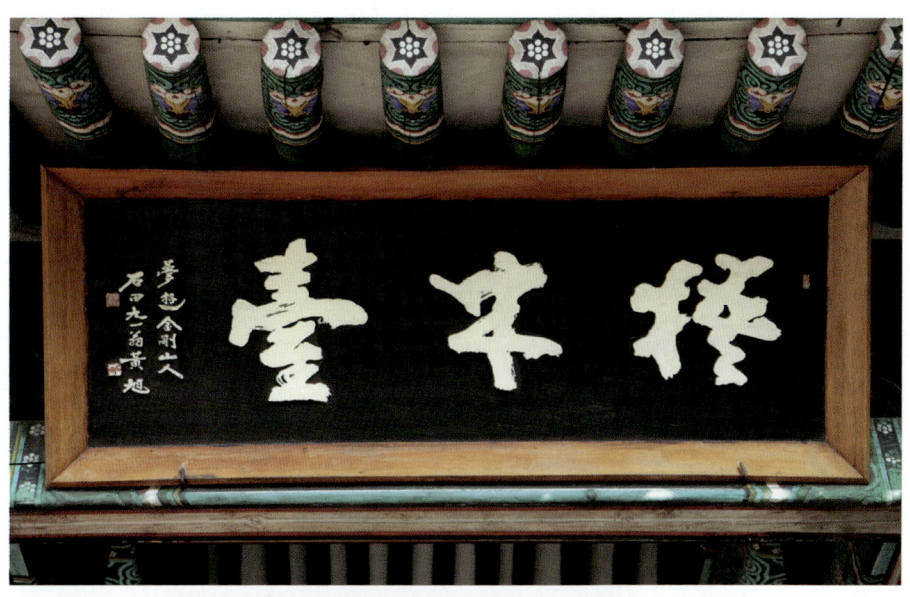

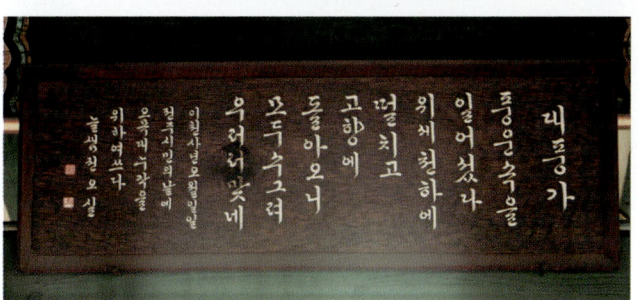

'오목대' 편액
석전(石田) 황욱(黃旭, 1898~1993)이
91세에 썼다.

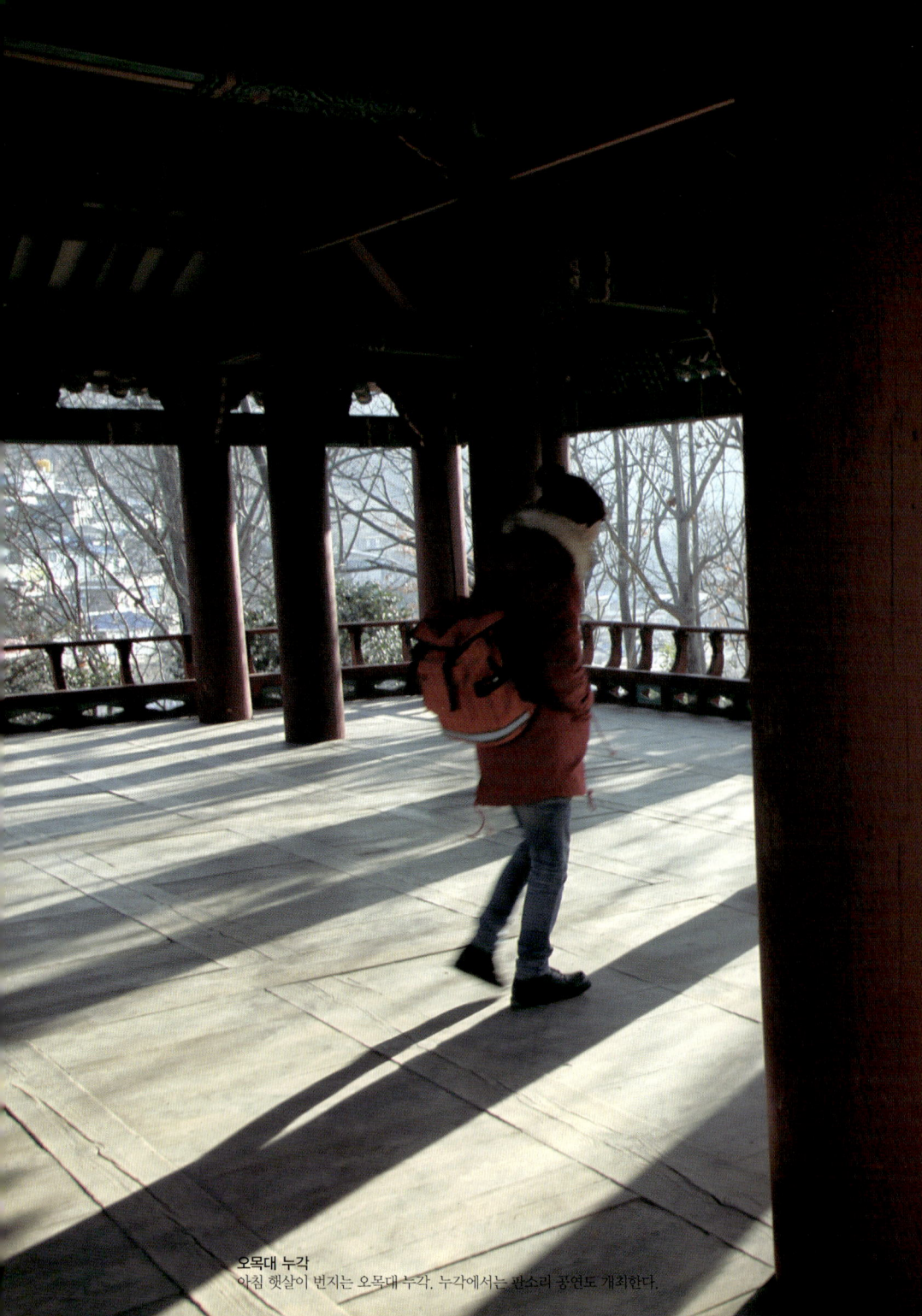

오목대 누각
아침 햇살이 번지는 오목대 누각. 누각에서는 판소리 공연도 개최한다.

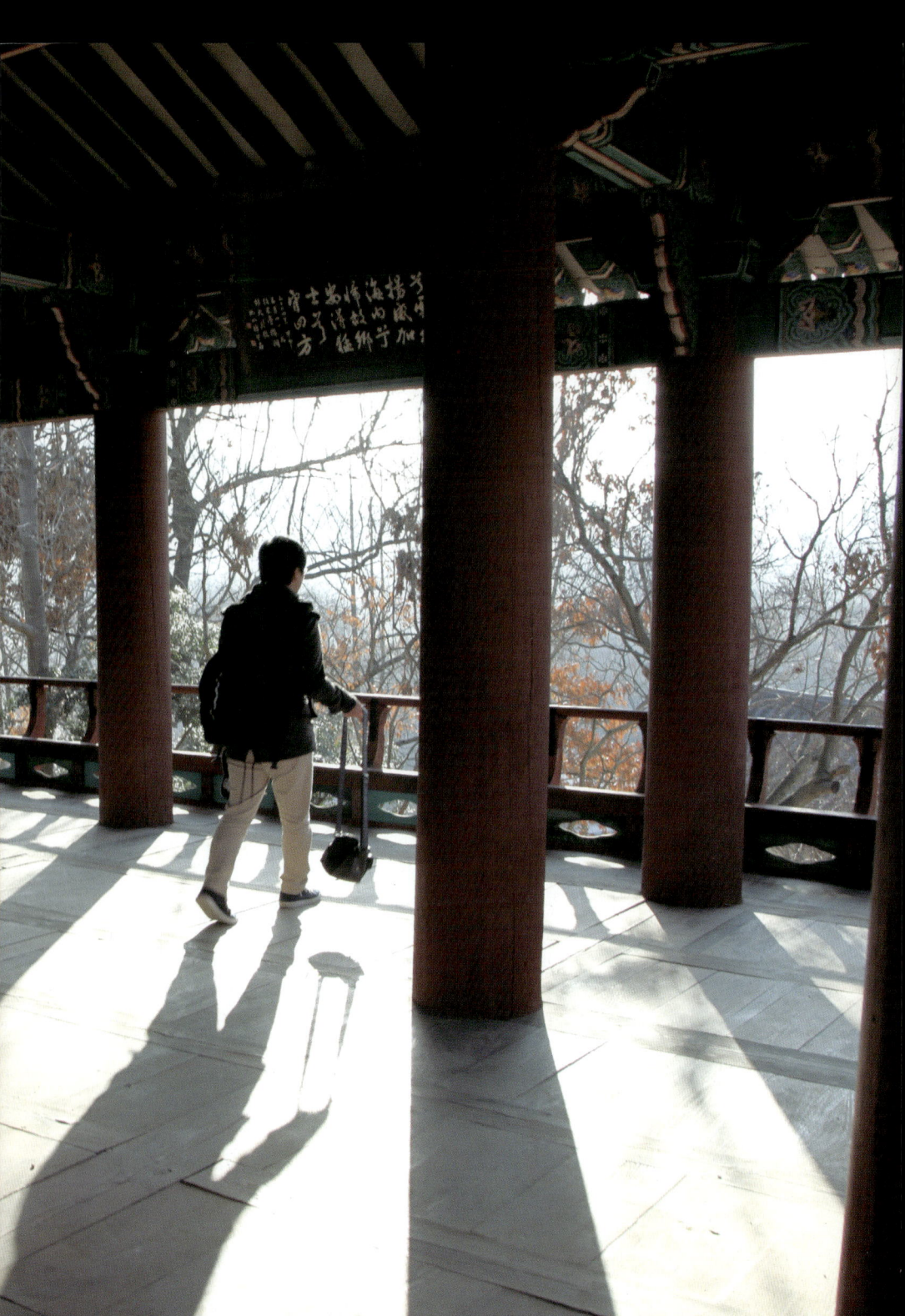

한국 최초의 순교지, '전동성당'

전동성당(사적 제288호)은 태조로가 시작되는 지점, 경기전 맞은편에 있다. 1791년 5월, 윤지충과 권상연이 한국 천주교회 역사상 최초로 순교했던 바로 그 자리에 세워진 유서 깊은 성당이다.

윤지충과 권상연은 1791년 5월, 전라도 진산 출신 양반의 신분으로 부모의 제사를 지내지 않고 신위를 불태웠다는 죄목으로 체포되어 전주감영이 있던 풍남성으로 압송되었다. 감영에서 14일간 심문과 형벌을 받으면서도 끝까지 신앙을 증거하였다. 결국 두 사람은 11월 8일자로 된 정조 임금의 사형 명령이 내려온 다음 13일 신시(申時, 오후 3~5시 사이)에 풍남문 밖에서 참수당했다. 그 치명터인 풍남문 밖이 현재의 전동성당 자리로, 순교의 역사적 기념터이다. 두 사람의 잘린 머리를 5일 동안 매달아 백성들에게 경고한, '효수경중(梟首警衆)'한 곳이 풍남문이다.

두 사람이 순교한 지 100주년이 되던 1891년 봄, 전동성당 초대 주임신부인 보두네 신부가 성당터를 마련했다. 두 순교자의 뜻을 기려 그들이 참수당했던 자리를 일부러 선택했던 것이다. 1908년에 이르러 서울 명동성당 내부 공사를 마무리했던 프와넬 신부의 설계를 바탕으로 건축이 시작됐고, 1914년에 완공되었다.

성당을 지을 당시 벽돌은 백여 명의 중국인 인부들이 직접 구운 것들을 사용했고, 주춧돌은 1909년 전주부의 허가를 얻어 남문 밖 성벽의 돌을 가져다가 썼다고 한다. 순교자들이 참수되는 장면을 낱낱이 지켜보았을 성벽의 돌이 전동성당의 주초로 쓰이면서 순교의 역사를 돌 스스로 증명하고 있는 셈이다.

성당은 완전한 격식을 갖춘 로마네스크 양식으로, 동서양의 융합된 모습인 곡

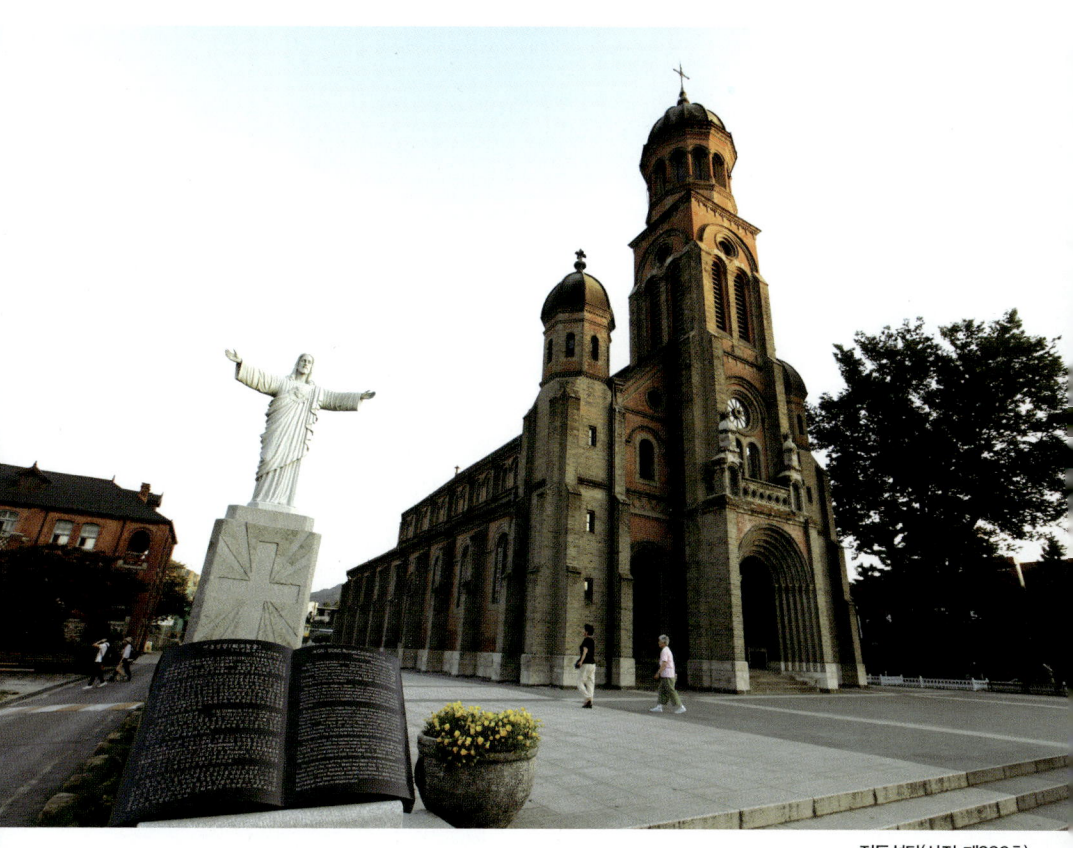

전동성당(사적 제288호)
우리나라 최초의 순교자 윤지충과
권상연이 순교한 터에 세운 전동성당.
1914년 완공하여 오늘에 이른다.

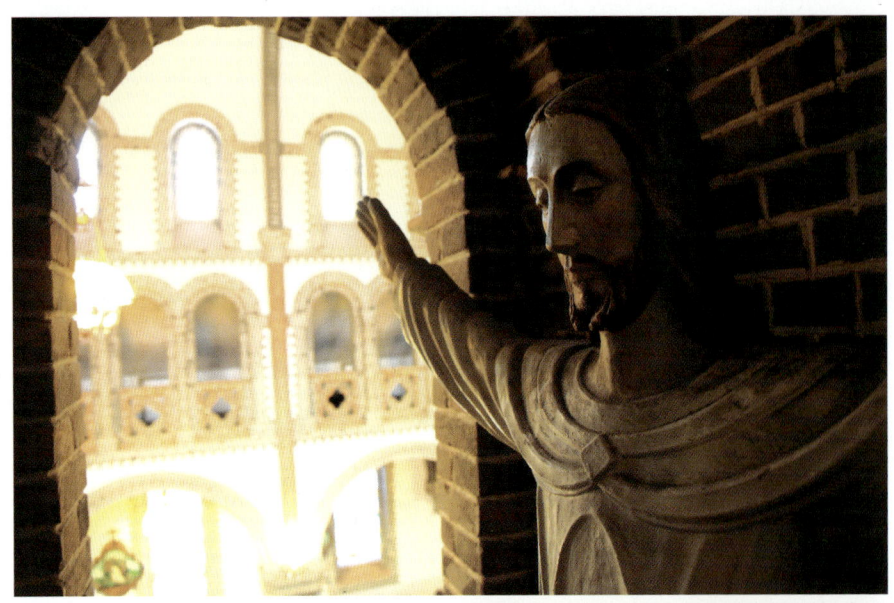

선미가 아름답고 웅장한 건축물로 꼽힌다. 특히 12개의 창이 있는 종탑부와 8각형 창을 낸 좌우 계단의 돔은 성당의 아름다움을 드러내는 대표적인 상징물로 일컫고 있다.

1937년, 한국교회 최초의 자치 교구로 전주교구가 설립되고 전동성당은 주교좌성당이 되었다. 한국전쟁 와중에는 인민군이 점령해 전라북도인민위원회 및 차량 보급소와 보급 창고로 사용된 전동성당은, 1980년 중반 이후에는 전라북도 지역 내에서 민주화의 성지로 각광받은 곳이기도 하다.

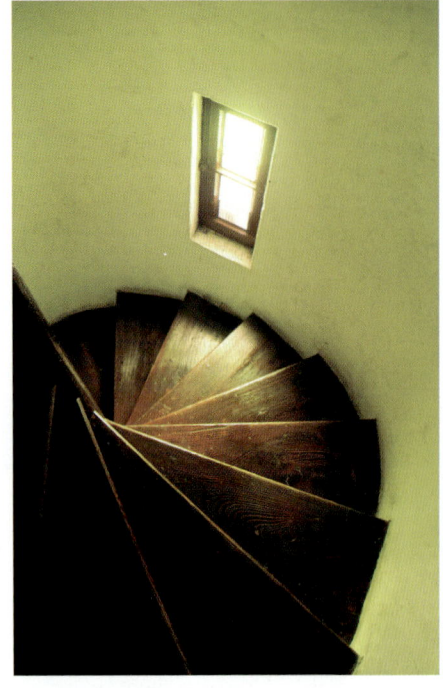

전동성당의 아름다운 계단의 돔

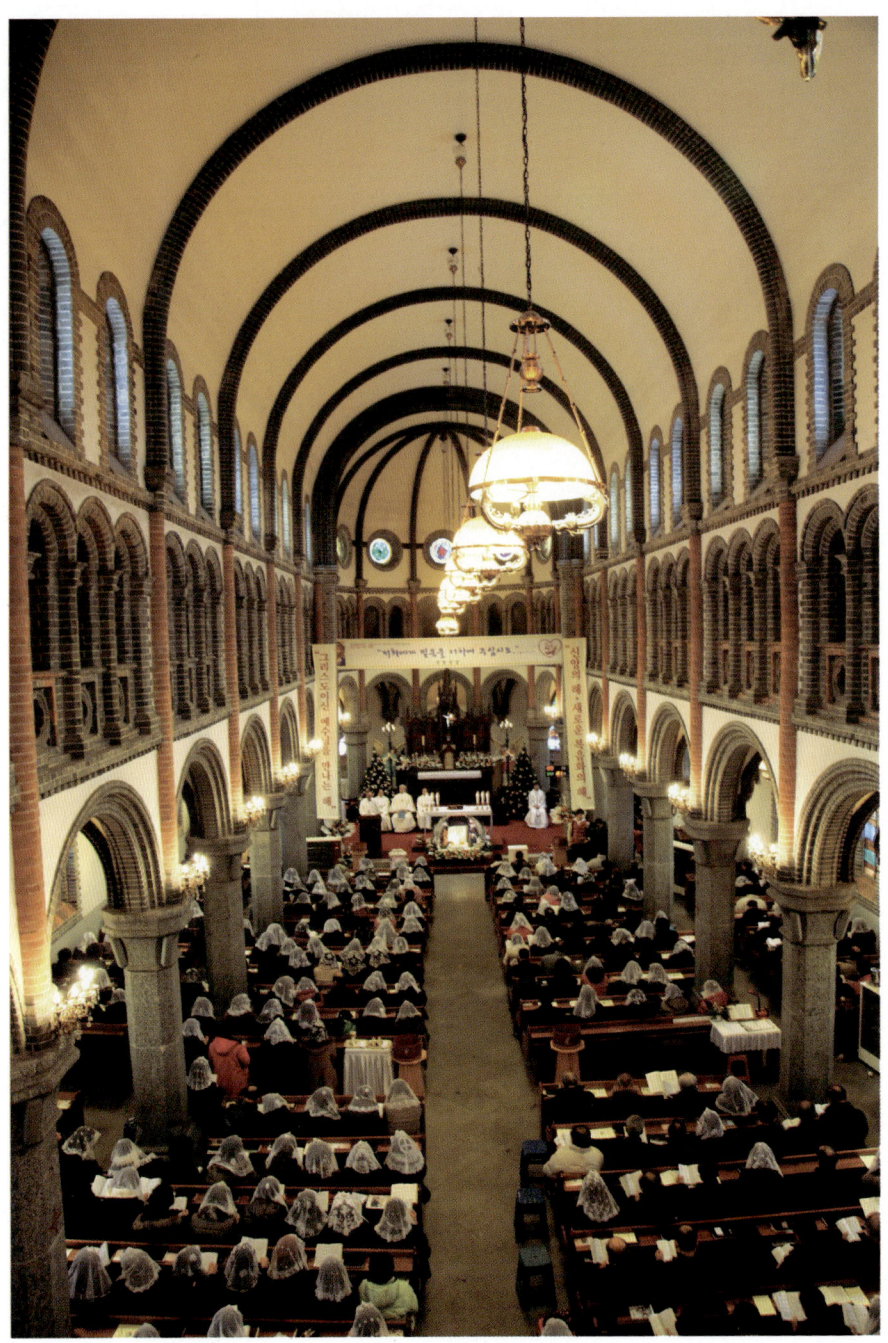

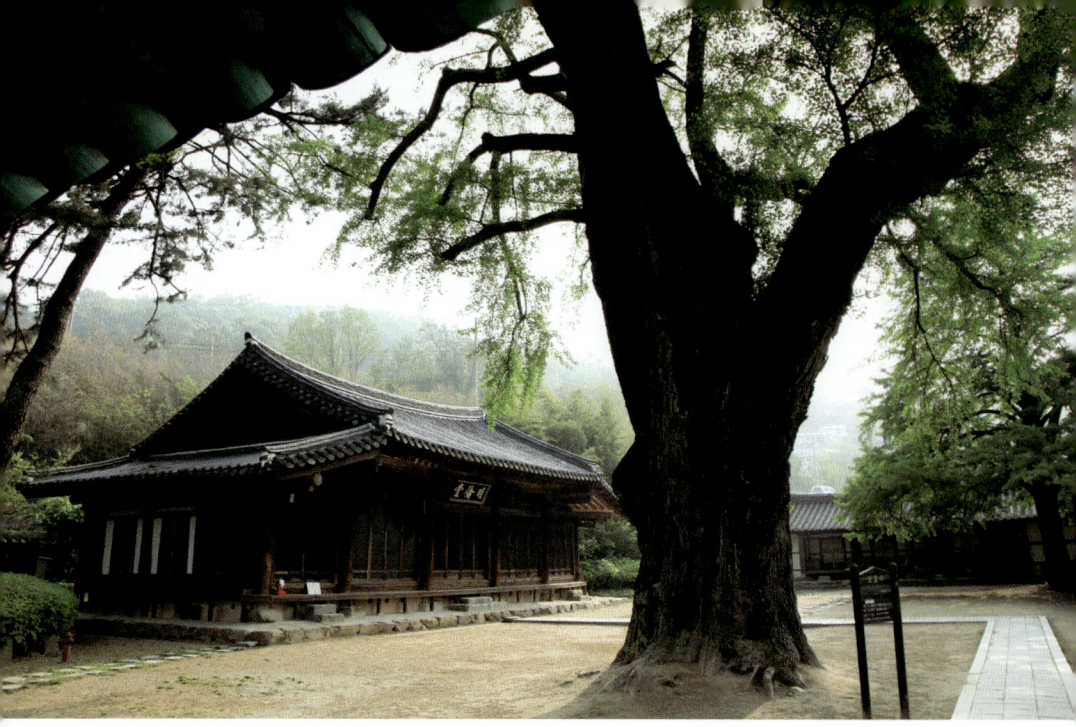

숫자로 풀어보는 '전주향교'

아마 예전에도 전주향교(사적 제379호)에서는, 요즘 학생들처럼 모질게 유생
(儒生)들을 가르쳤나 보다. 오죽하면 태조의 영정을 봉안한 경기전과 인접해 있
을 때, 회초리질과 책 읽는 소리가 끊이지 않아서 신령이 쉴 조용하고 평안한
공간이 아니라고 하며, 다음과 같이 향교 이전의 변(辯)으로 삼았으랴.

전주의 향교 및 문묘는 고려 시대부터 이미 존재했었던 듯하지만, 자세한 것은 알 수
없다. 예전에는 성내(城內) 남부, 지금의 경기전 부근에 있었지만, 조선 태종 10년(1410)에
새로이 경기전이 조영되면서 인접 향교가 시끄러워 성령을 편히 모실 수 없다 하여 전주
부(全州府)의 서쪽, 화산의 동쪽 기슭 삼계리로 이전했다. 그리고 거기에 위치하기를 약

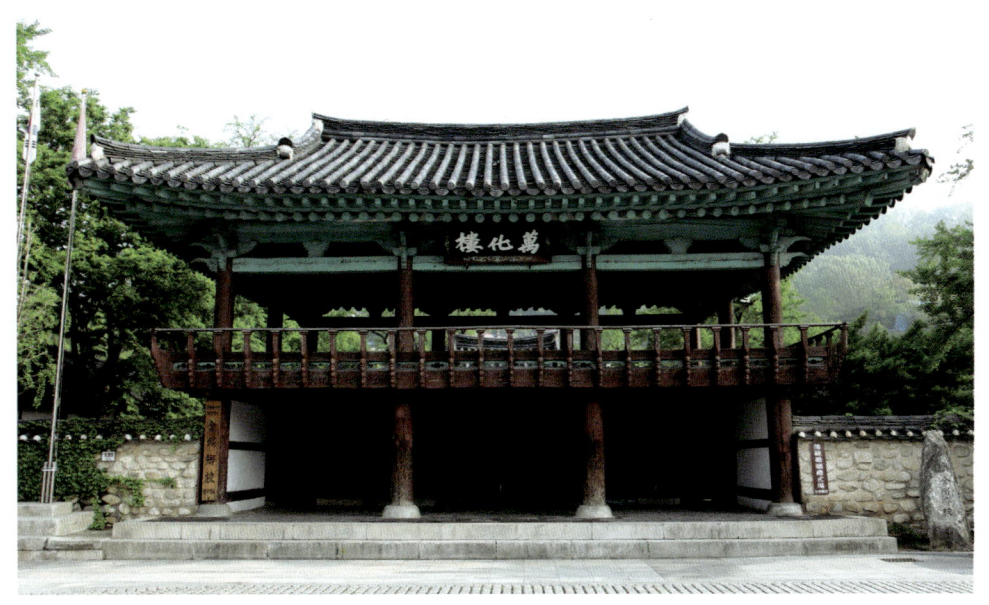

200년, 성내와 너무 멀리 떨어져 있어 불편하고 좌묘우사(左廟右社)의 옛 제도에 맞지 않는다고 하여, 선조 36년 계묘(1603)에 순찰사 장만(張晩)이 그런 내용을 살펴 지금의 위치로 이축했다.

－『국역 全州府史』(전주시, 신아출판사, 2009, 391쪽)

흔히 향교는 명륜당과 대성전으로 구성된다. 거기에 곁들여지는 공간으로 동무(東)와 서무(西) 그리고 또 동재(東齋)와 서재(西齋)가 있긴 하지만, 우선 향교에 들어서면 명륜당과 대성전의 선후(先後) 배치 관계부터 살펴보는 것이 좋다. 가끔 들어봄직한 '전묘후학(前廟後學)', '전학후묘(前學後廟)'라는 얘기가 여기에 기인하고 있기 때문이다. 일반적으로 향교의 위치가 평지일 경우에는 전묘후학의 배치 형식을, 경사지일 경우에는 전학후묘의 배치 형식을 따르고 있다는 것도 참고해 볼 만하다.

어쨌든 홍살문을 지나 향교의 정문인 2층 만화루(萬化樓)로 들어서면, 벌써 높다랗게 쌓아올린 세벌대 기단 위에 떡 버티고 서있는 대성전(大聖殿)이 한눈에 들어온다. 풍채부터 근엄하다. 단출한 맞배지붕 밑으로 전면 3칸에 측면 3칸, 도합 9칸으로 만들어 놓았다. 아홉(九)이면 양(陽) 중에서 극양(極陽)하니, 건물의 규모를 결정하는 칸에도 의미심장한 뜻을 숨겨 놓은 것 같다. 게다가 양옆에서 마치 협시(挾侍)하듯 도열해 있는 동무와 서무는 또 전면 9칸에 측면 2칸으로, 전체 18칸을 만들어 놓았다. 순식간에 아홉(九)의 배수인 '18'이라는 숫자가 그대로 드러난다.

그렇게 짚어보니 재미있다. 대성전 좌측 뒤편으로 난 중문(中門)을 열고 또다시 발걸음을 재촉하니, 이번에는 좀 전에 대성전 앞마당에서 본 것과 비슷한 우람한 은행나무 한 그루가 앞을 막아선다. 수령이 400년도 훨씬 넘었다는 은행나무가 명륜당과 아주 그럴싸한 풍경을 연출하고 있다.

명륜당(明倫堂)은 전면 5칸에 측면 3칸이다. 그런데 자세히 살펴보니 원래 맞배지붕 아래로는 전면 3칸에 측면 3칸이 드리워져 있으며, 그 맞배지붕 좌우측으로 1칸씩을 더 덧붙이고 거기에 외쪽지붕을 덮어 놓은 것이 이색적이다. 그렇다면 본디 도합 9칸인 명륜당 앞에, 각각 전면 6칸인 동재와 서재를 좌우에서 협시하듯 배치해 놓았다는 얘기가 된다.

그래서 풀어보니, 제향 공간인 대성전에는 '아홉(九)'이라는 양(陽)에 다시 또 '아홉'으로 보좌하여 우리 사람 사는 세상의 저편을 구현해 놓았으며, 책을 외우고 매질하는 소리가 끊이지 않았다는 명륜당에는 '아홉(九)'이라는 양(陽)에 슬그머니 '여섯(六)'이라는 음(陰)을 짝지어, 마침내 사람 사는 생기를 불어넣은 것이 된다.

설사 당초 설계자가 의도하지 않았을지라도 우연치고는 묘하다는 생각이 든다. 앞으로 향교를 찾아가면 우선 제향 공간인 대성전과 교육 공간인 명륜당의 배치 관계부터 눈여겨보고, 그 다음에 주요 건물의 칸수를 하나하나 헤아려 보자. 아마 향교가 더 친근하게 다가올 것이다.

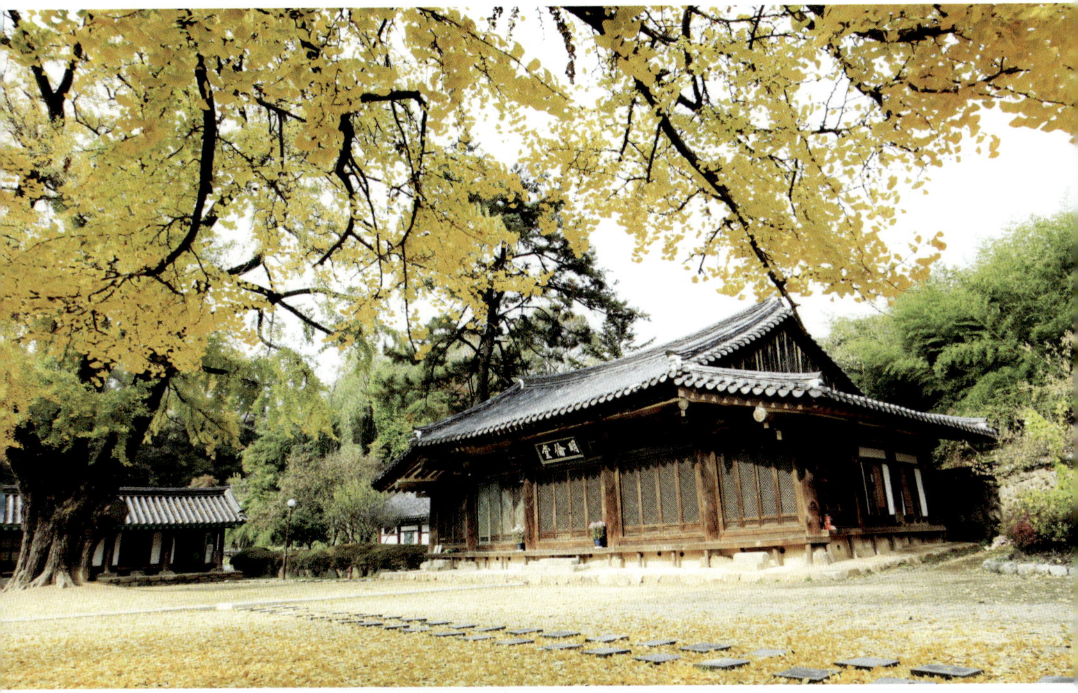

명륜당 가을
명륜당을 중심으로 그 양편이 동재와 서재로 구성된
강학 공간으로 나뉜다. 명륜당은 강학이 이루어지는
곳이며, 동재와 서재는 일종의 기숙사이다.

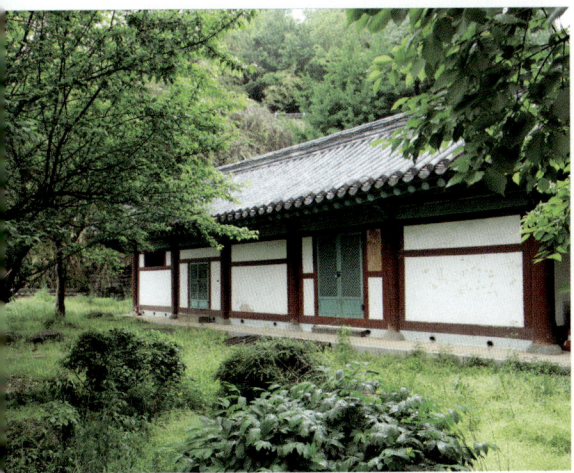

장판각
전주향교 장판각에는 1899년 관찰사 조한국이 전라감영에
서 책을 출간할 때 사용한 목판 5056판이 보관되어 있던 곳
이다. 목판은 2005년 전북대 박물관으로 이전되었다.

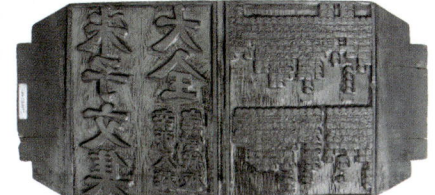

목판
책을 찍어내던 목판, 1만여 개가 있다.

문향(文香) 그윽한 터전, '양사재(養士齋)'

　전주향교의 부속 건물인 '양사재'도 빼놓을 수 없는 존재다. 『전주 부사(全州 府史)』를 살펴보니, 다음과 같은 기록이 눈에 띈다.

　전주부 청수정 58번지 오목대 사우(祠宇)의 옛터에 있으며, 전에는 성내(城內)에 있었 지만 폐허가 되었기에, 고종 12년(1875)에 판관 김계진(金啓鎭)이 이 곳에다 재건하고 부 내(府內) 문사(文士)의 도장으로 삼았다. 이후 향로재(鄕老齋, 향교 老儒生들의 집회소), 그리 고 전라북도 공립 소학교로 쓰였으며 지금 그 건물은 민옥(民屋)으로 남아 있다.

　　　　　　　　　　　　　　　　　　　　　　　　　　— 『국역 全州府史』 (전주시, 신아출판사, 2009, 399쪽)

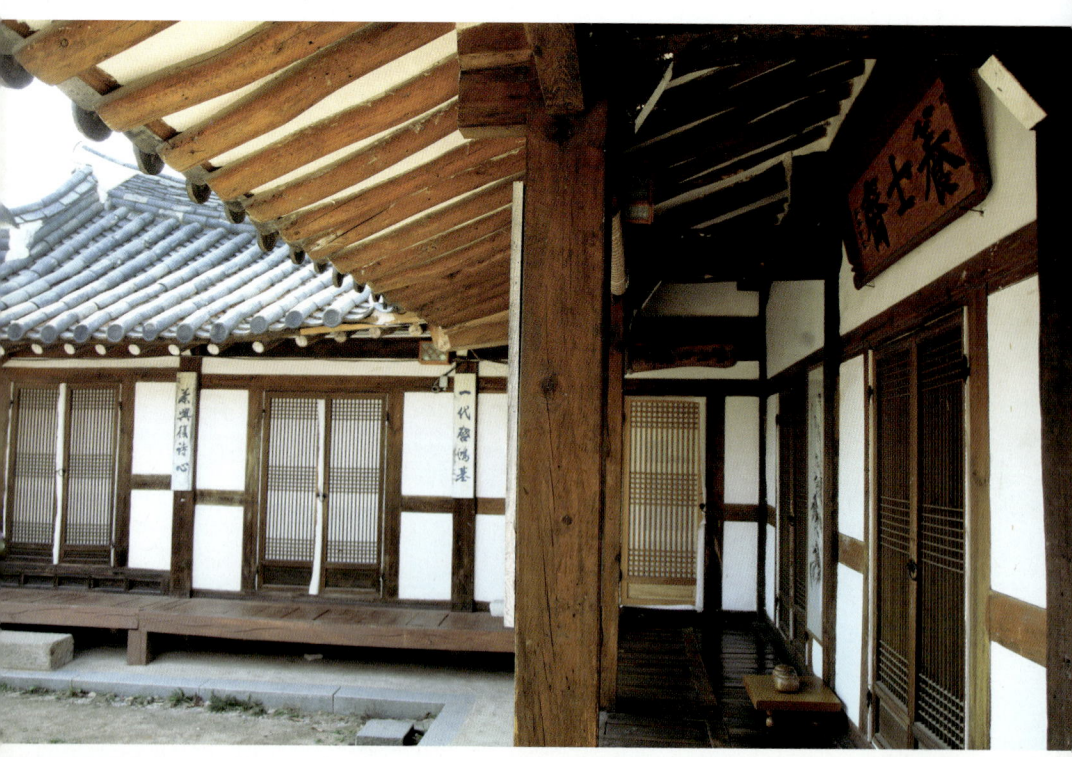

양사재는 당시 서당 공부를 마친 재능 있는 유생들이 생원과 진사시험을 대비하는 일종의 교육 공간이었다. 아니, 단순히 교육 공간으로서만 그쳤던 것이 아니다. 설사 생원과 진사시험에 합격하더라도 양사재에서 합격 사실을 알리는 부표(附表)를 해야만 비로소 합격 사실이 인정될 정도로 당시 선비들에게는 막강한 영향력을 지녔다고 한다.

그런데 모든 사회제도가 요동치던 대한제국 시절, 양사재도 변혁의 소용돌이 속에 휩쓸린다. 고종 황제의 교육입국조서가 발표되고 나서 1897년 7월 10일, 마침내 양사재도 '공립소학교'라는 근대식 교육기관으로 탈바꿈하게 되었다. 또 한국전쟁 직후에는 전북대학교 문리대의 전신인 명륜대학의 사택지로 사용되면서, 당시 학장으로 재직하던 가람 이병기 선생이 기거하게 된다. 그는 이 곳에서 시도 짓고 난초를 기르면서 문사들과 담론을 즐겼다고 하니, 애초부

조선 시대의 교육 기관 '양사재'

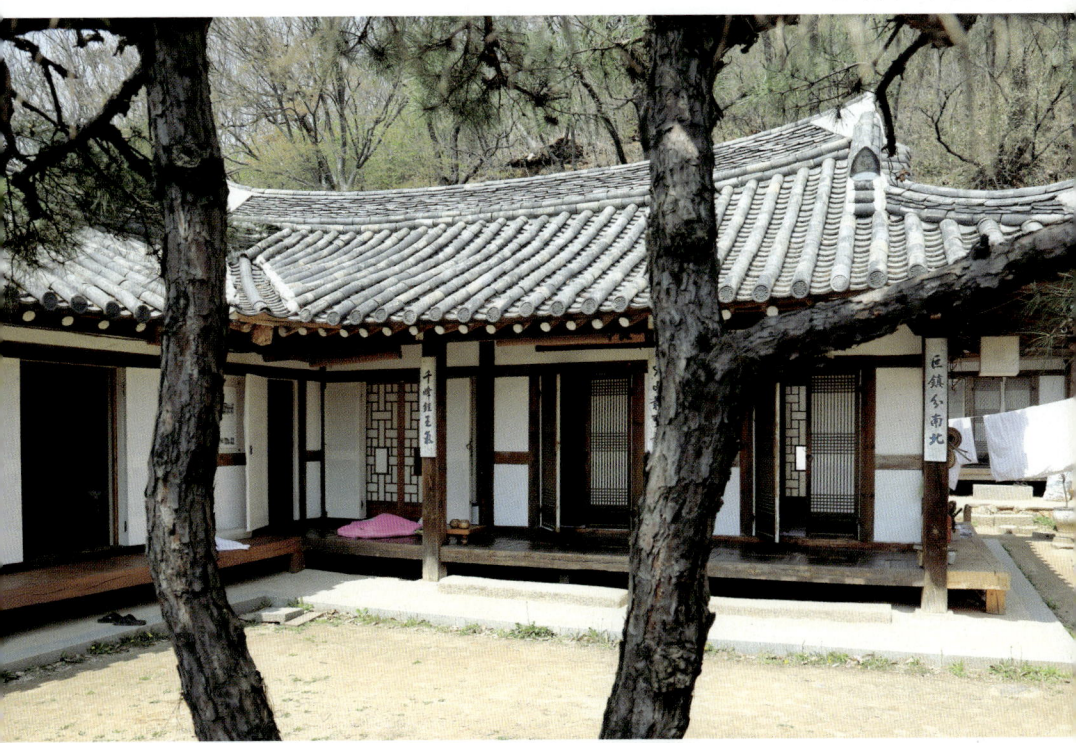

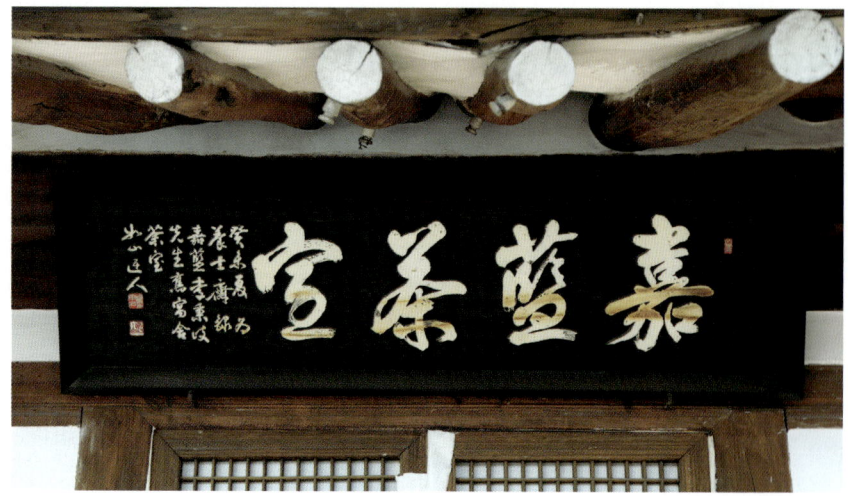

'가람다실' 편액

터 양사재는 문향(文香) 그윽한 터전이었던 듯하다.

　이제 양사재는 단순히 이 곳 전주향교의 부속 배움터에서 그 외연을 확대하여 전국 각지에서 몰려드는 젊은이들의 다양한 다목적 문화 공간으로 탈바꿈되었다. 때로는 고즈넉한 한옥의 원형을 되살린 한옥 민박 체험 공간으로서, 때로는 야생차 체험 공간으로서, 그리고 또 때로는 전주한옥마을을 찾는 문화예술인들의 교류 공간으로서 그 어느 때보다도 알뜰살뜰하게 활용되고 있다.

　언제든 양사재에 들르게 되면, 우선 낮은 대문 안으로 머리를 숙이고 들어가면서 '나'를 낮추는 겸손을 배울 수 있고, 곧이어 빙그레 웃으며 다가오는 주인장에게서 한동안 잃고 살았던 고향 냄새를 맡을 수 있으며, 또 그의 안내에 따라 걸터앉은 툇마루에서 차 한잔을 홀짝이다 보면 어느새 코끝에 와 닿는 장작불 연기에 문득 잊고 살았던 옛날 고향의 추억과 만나게 될지도 모른다.

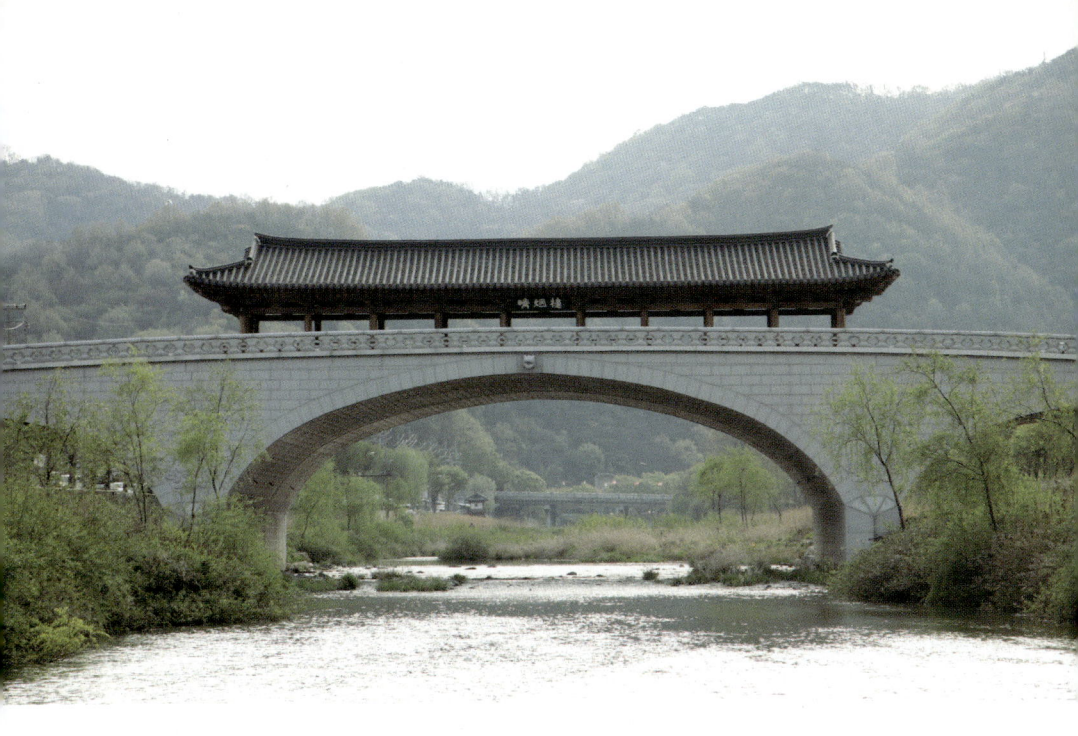

전주천 최고의 경승지, '남천교'

　전주천은 전주부성의 남쪽을 거쳐 서쪽을 흘러가다가 만경강과 만난다. 전주의 남쪽을 흘러갈 때는 '남천'이 되고, 서쪽에서는 '서천'으로 불린다.

　남천을 가로지르는 다리는 모두 다섯 곳이다. 상류로부터 한벽교와 남천교, 전주교, 매곡교, 완산교가 그것들이다. 이 모두가 남문 밖에 있어서 전주 사람들은 고상한 한자 이름 대신 정겨운 우리말로 부르곤 했다. 쌀을 들고 와서 파는 이들이 많다고 해서 '싸전다리(전주교)', 무지개 모양의 교각이 물 위에 비치는 모습이 안경처럼 생겼다고 해서 '안경다리(남천교)', 다리 밑 천변에 우시장이 있었다고 해서 '쇠전다리(매곡교)', 소금을 파는 가게가 많아서 '소금전다리(완산교)', …그런 식이었다.

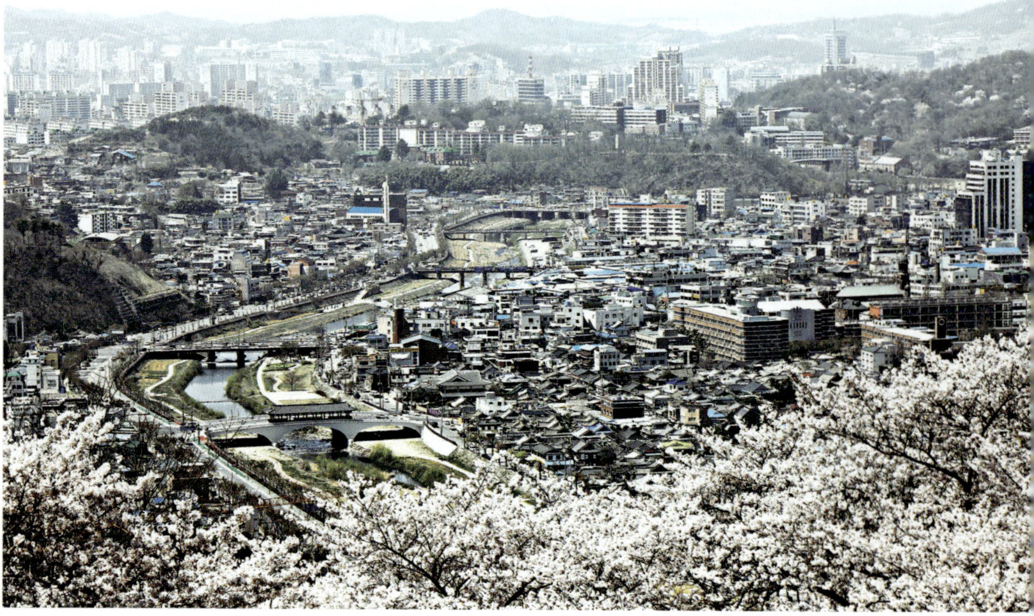

벚꽃이 활짝 핀 전주천의 봄. 청연루가 내려다보인다.

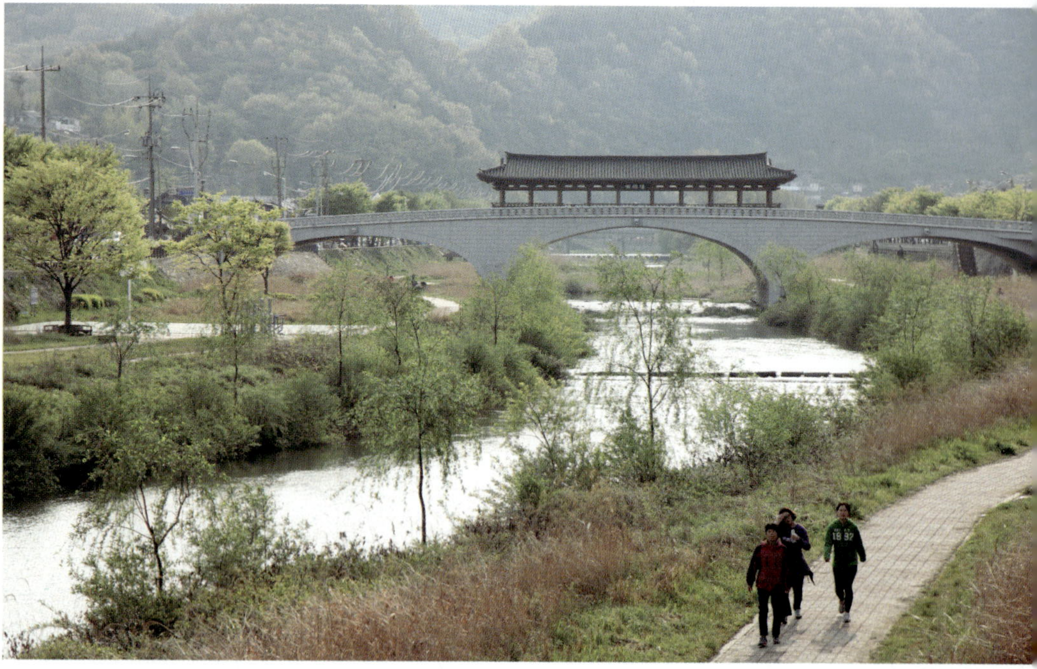

전주천의 교량 가운데 남천교는 예나 지금이나 아름답고 각별하다. 남천교에 아직도 남아 있는 개건비(改建碑) 가운데 서두 부분이 이러하다.

다리는 천하장관이다. 옛날에 오강(吳江)에 무지개가 드리웠다라고 들었는데, 오늘날 우리 남천의 오홍교(五虹橋)가 그것이다.

다리 위에는 돌을 정교하게 조각한 다섯 개의 용두(龍頭)를 얹었다고 한다. 다리 바로 동쪽으로 우뚝 솟은 승암산이 화산(火山)이기에 부성 안에 화재가 끊이지 않아 구름을 일으키고 비를 부르는 용을 놓아서 그 재액을 물리치려고 했던 것이다. 하지만 이렇듯 공을 들인 다리도 여러 차례 무너지거나 떠내려가기 일쑤였다. 이 때문에 그 중요한 남천교는 그저 튼튼하기 짝이 없는 시멘트덩어리로만 지어진 채 오랫동안 방치되었다.

지난 2009년, 전주시는 남천교 재건 사업을 대대적으로 벌였다. 옛적 형상을 그대로 본떠서 교각을 무지개 형태로 하고, 다리 난간에는 용 머리 장식도 했다. 다리 전체가 모두 흰 화강암이라 이제는 '백룡교(白龍橋)'라고 불러도 괜찮을 정도가 되었다. 뿐만 아니라 다리 중간 상류 쪽으로는 전면 9칸, 측면 2칸의 한옥으로 누각을 만들어 올림으로써 이 곳이 한옥마을을 상징하는 다리가 되도록 했다. 이 누각의 이름이 '청연루(晴煙樓)'로, 전주8경의 '한벽청연'에서 따온 것이다.

여름이면 남천을 따라 흘러가는 바람이 청연루의 기둥 사이를 빠져나간다. 정자라면 바람이 저절로 찾아드는 공간이거늘 하물며 남천 한가운데 선 누각이라면 두말할 나위도 없으리라. 좌우사방을 둘러보면 한옥마을이 낮게 펼쳐져 있고, 전주의 진산인 기린봉이며 승암산·완산칠봉·오목대 등이 손에 잡힐 듯 가깝다.

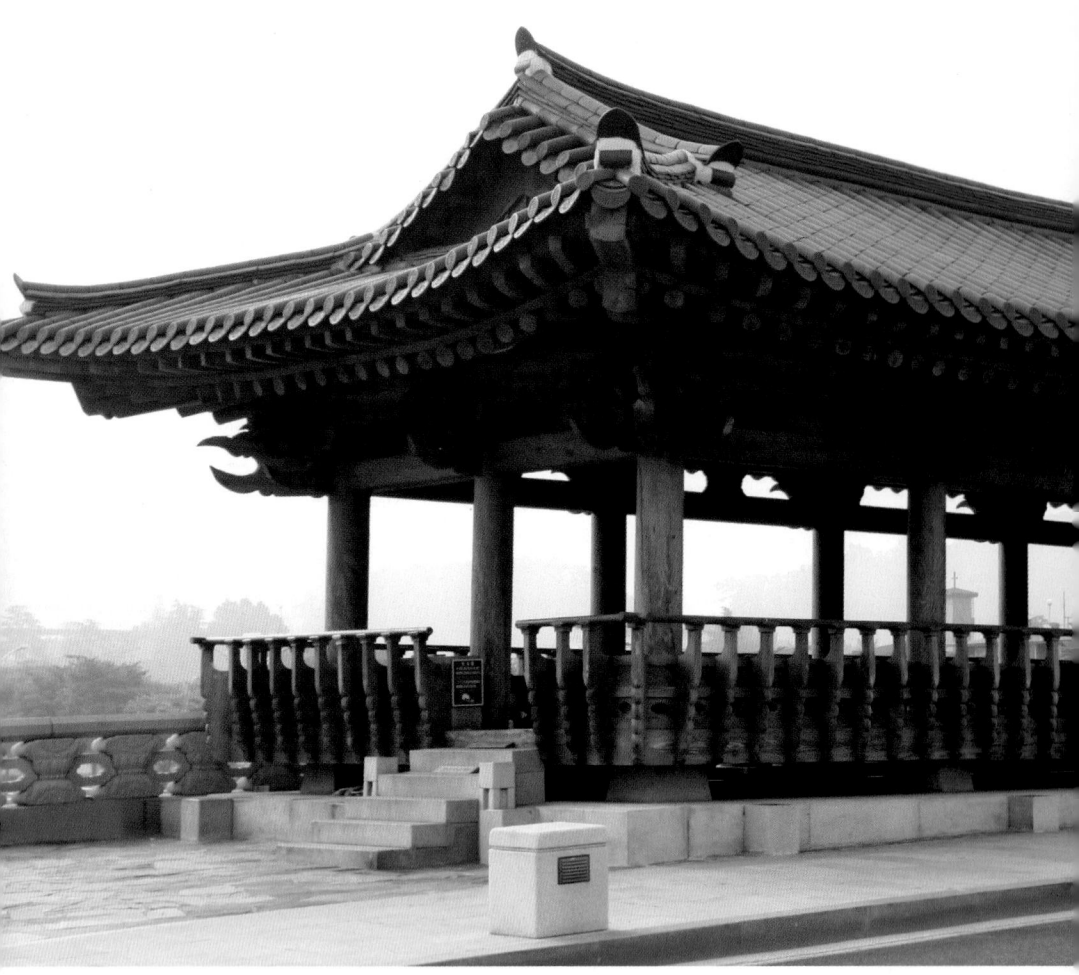

남천교 누각 '청연루'
남천교는 원래 전주천에 세운 돌다리가 유실되자 40여 년이 지난 후 1만 4000냥(兩)을 들여 홍예 모양으로 세운 아름다운
다리다. 1901년에는 관찰사 조한국이 평교로 고쳐 왕래를 도왔으나 1907년 수해를 겪고 무너져 잔영조차 찾을 길이 없게
되었다. 2009년 12월에 새로운 남천교가 석교 모양으로 만들어졌는데, 다리 위에 한옥으로 누각을 세워 시민들의 휴식 공
간으로 이용되고 있다. 현판의 '청연'은 '푸른 연기'란 뜻으로, 전주 10경인 한벽청연에서 따왔다.

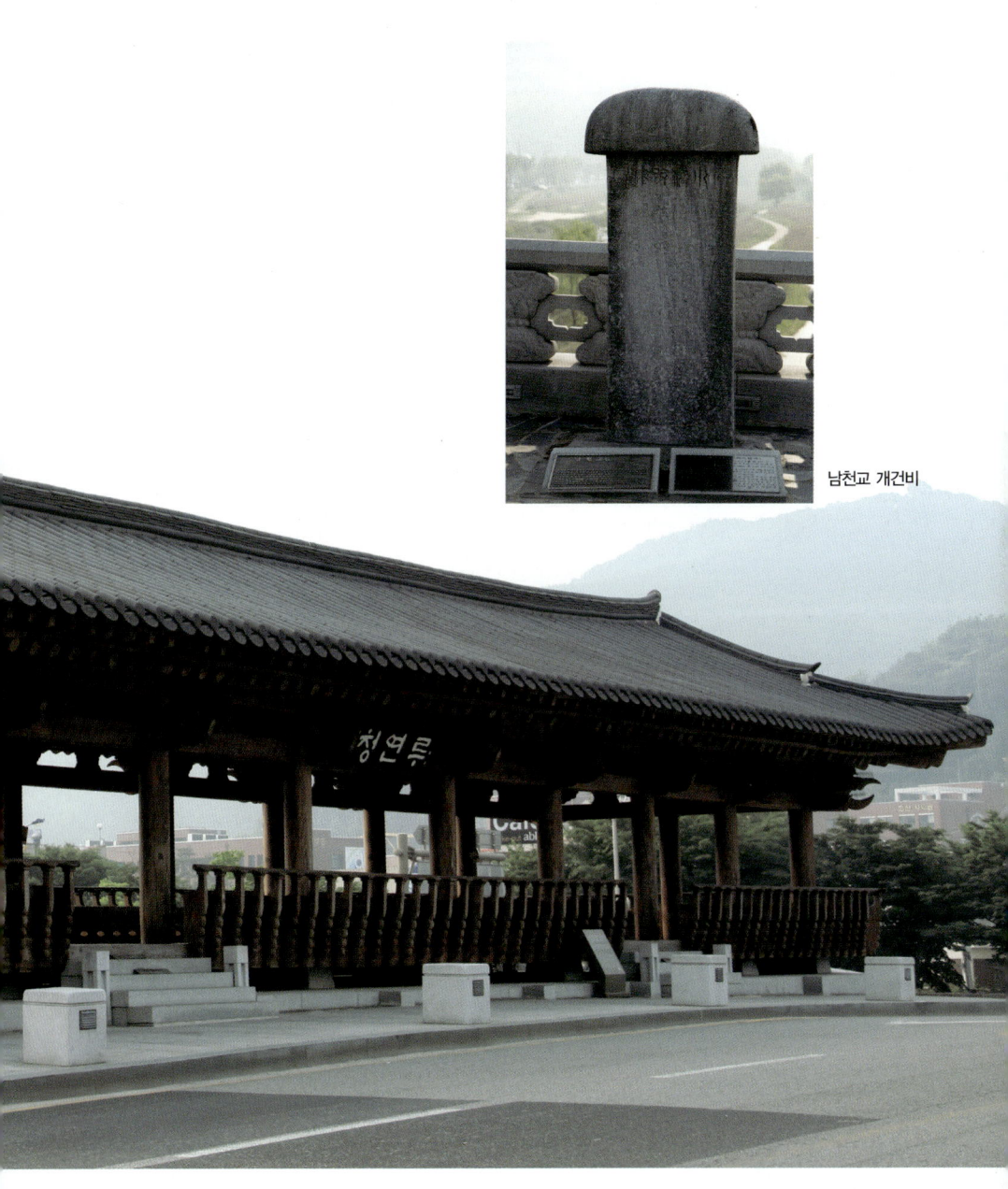

남천교 개건비

풍운을 잠재운 '전주동헌'

조선 말기에 전주를 다스리는 전주부윤(全州府尹)은 관찰사가 겸임했다. 대신 그 실무만큼은 따로 조정에서 파견한 전주판관(判官)이 담당했다.

판관이 근무하는 본관 청사를 '풍락헌(豊樂軒)'이라고 했는데, 오늘날 우리가 흔히 말하는 '동헌(東軒)'이다. 동헌 옆에는 안채 살림을 도맡는 '내아(內衙)'가 있었다. 동헌에 빗대어 흔히 '서헌(西軒)'이라고 불렀다.

전주동헌은 판관 설치 당초에 창건되었다. 1758년에 오래되어 무너진 것을 개건하고, 다시 1890년에 화재를 맞아 중창하기도 했다. 전주동헌은 1934년까지 엄존한 것으로 전해진다. 일제는 조선왕조를 말살시키려는 의도로 조선조 관청의 상징인 동헌 건물을 헐어내 팔려는 계획을 세웠다. 그리고 그해 봄, 전주동헌 건물은 전주 유씨 가문에 팔려나가 제각(祭閣)으로 쓰이는 운명을 맞이하게 된다.

송하진 전주시장은 부임한 뒤부터 전주동헌 복원 사업에 나섰다. 옛 전주부윤, 혹은 전주판관의 직책상 당연히 해야 할 시대적 요청이기도 했다. 하지만 무엇보다 어려운 일은 80년 가까이 한 가문의 제각으로 굳건히 자리잡아 왔던 건물을 헐고 다시 사들여야 하는 문제였다. 그는 여러 차례 전주 유씨 가문을 설득, 드디어 옛 풍락헌 고재(古材)들을 전부 기증받는 데 성공했다.

2010년, 풍운에 몸을 맡기고 이리저리 떠돌던 풍락헌은 전주동헌으로 다시금 한옥마을에 우뚝 섰다. 전주향교 서편 담장과 면한 곳이라서 왠지 더 안락하게 여겨지는 곳, 오목대 아래 따뜻한 양지라서 더욱 편안하고 아늑해지는 자리다.

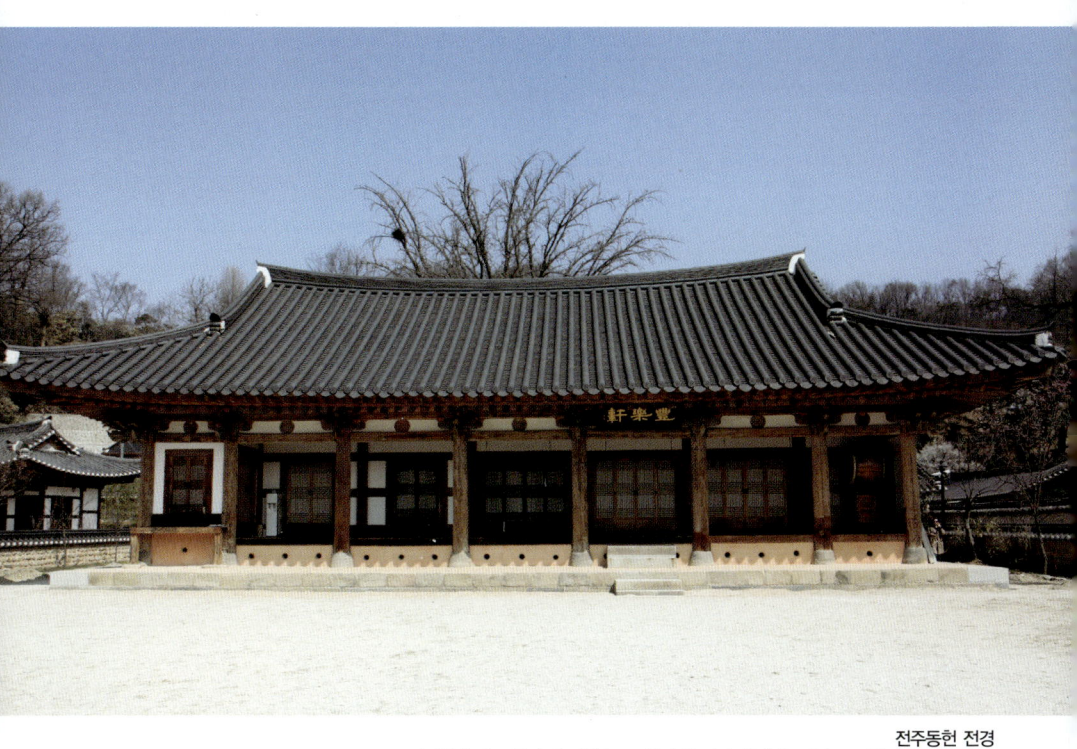

전주동헌 전경
전주부윤이 근무하던 관청으로 '풍락헌'이라 불렸다. 전라도 관찰사가 전주부윤,
오늘날 전주시장 지위까지 겸해 전라도 지방의 정치병권을 모조리 장악하는 권력이
이 곳에서 이루어졌다.

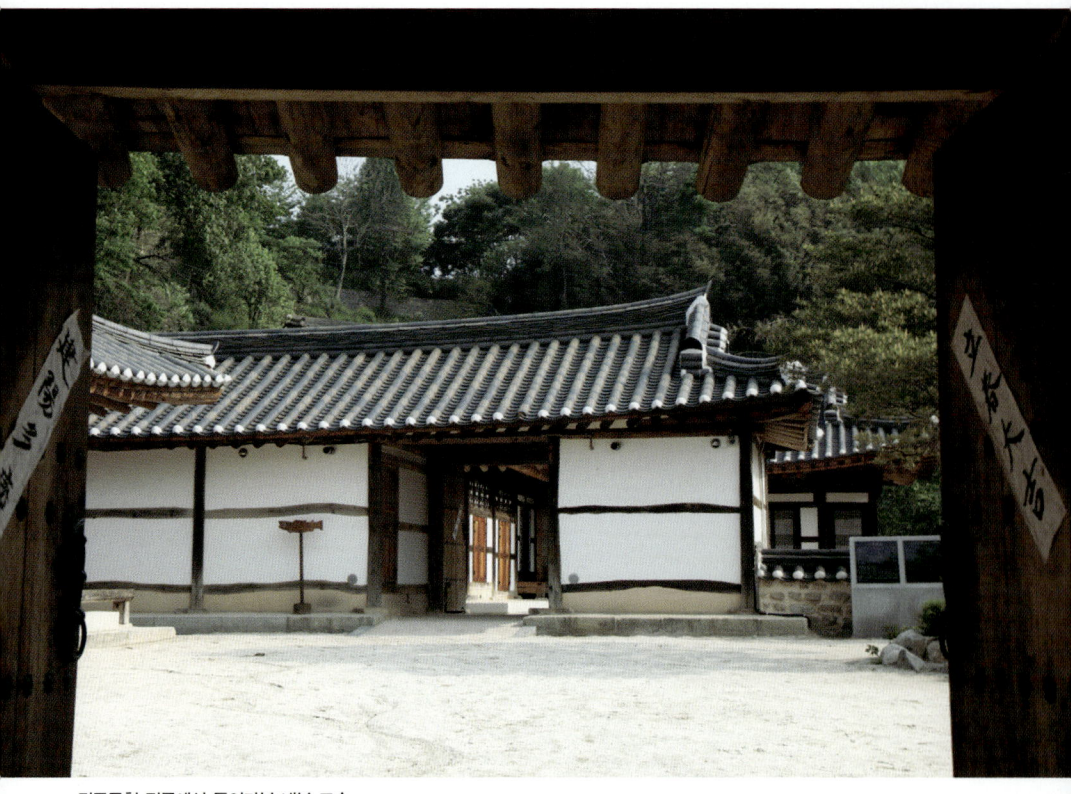

전주동헌 정문에서 들여다본 내부 모습
일제에 의해 팔려나가 전주 유씨 제각으로 사용하던 풍락헌 건물은 전주시 전통문화진흥산업(한옥전통마을 건립)의 하나로 전주 유씨 측에서 이 제실 건물을 전주문화원에 기부, 2007년 제실을 해체하여 전주향교 옆에 이축하게 되었다.

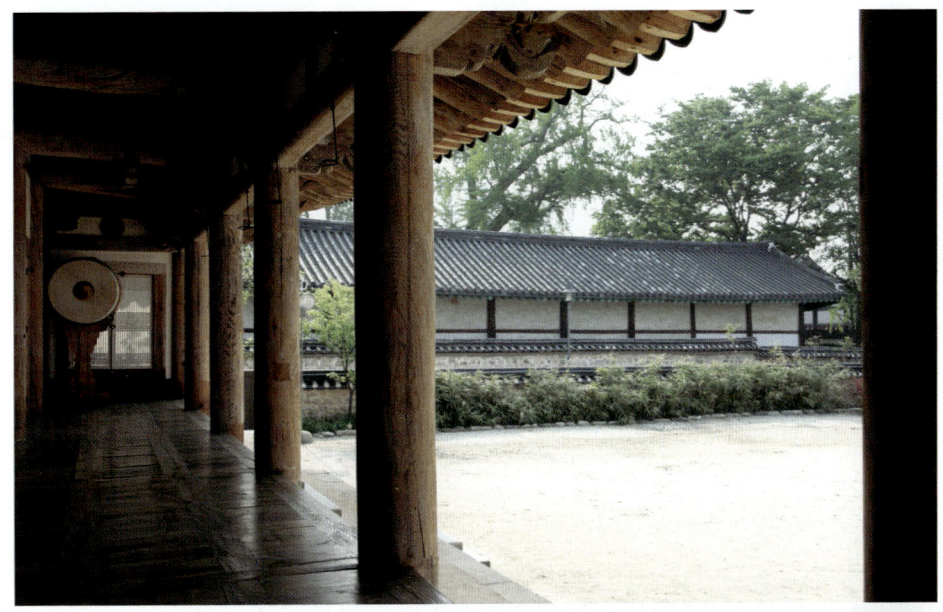

풍락헌

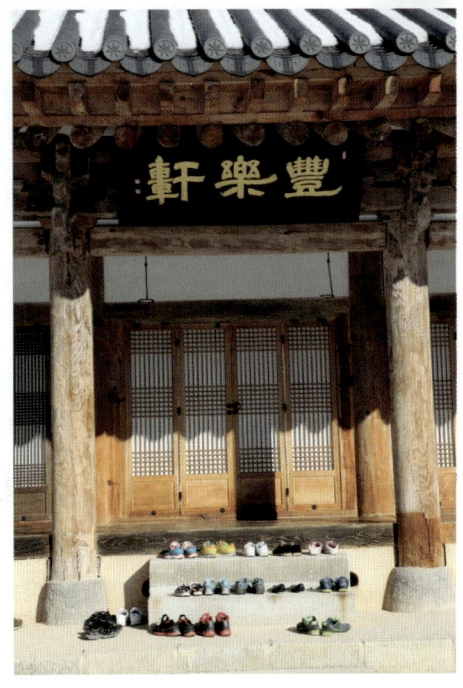

조선 시대 전주부영은 오늘날 감옥 형방청, 군기고, 장청, 작청(6방의 청사로 지금의 각 실과에 해당), 사령청, 통인청, 관노청, 관청(오늘날 식당) 등 여러 채의 관아 건물이 있었다. 오늘날 전북도청에 해당하는 전라감영과 전주부영의 관아 건물 가운데 남아 있는 것은 유일하게 동헌뿐이다. '풍패지향인 이 곳은 항상 즐겁다'는 뜻으로 '풍요로워 항상 즐거운 집'이란 두가지의 의미를 갖는 당호이다.

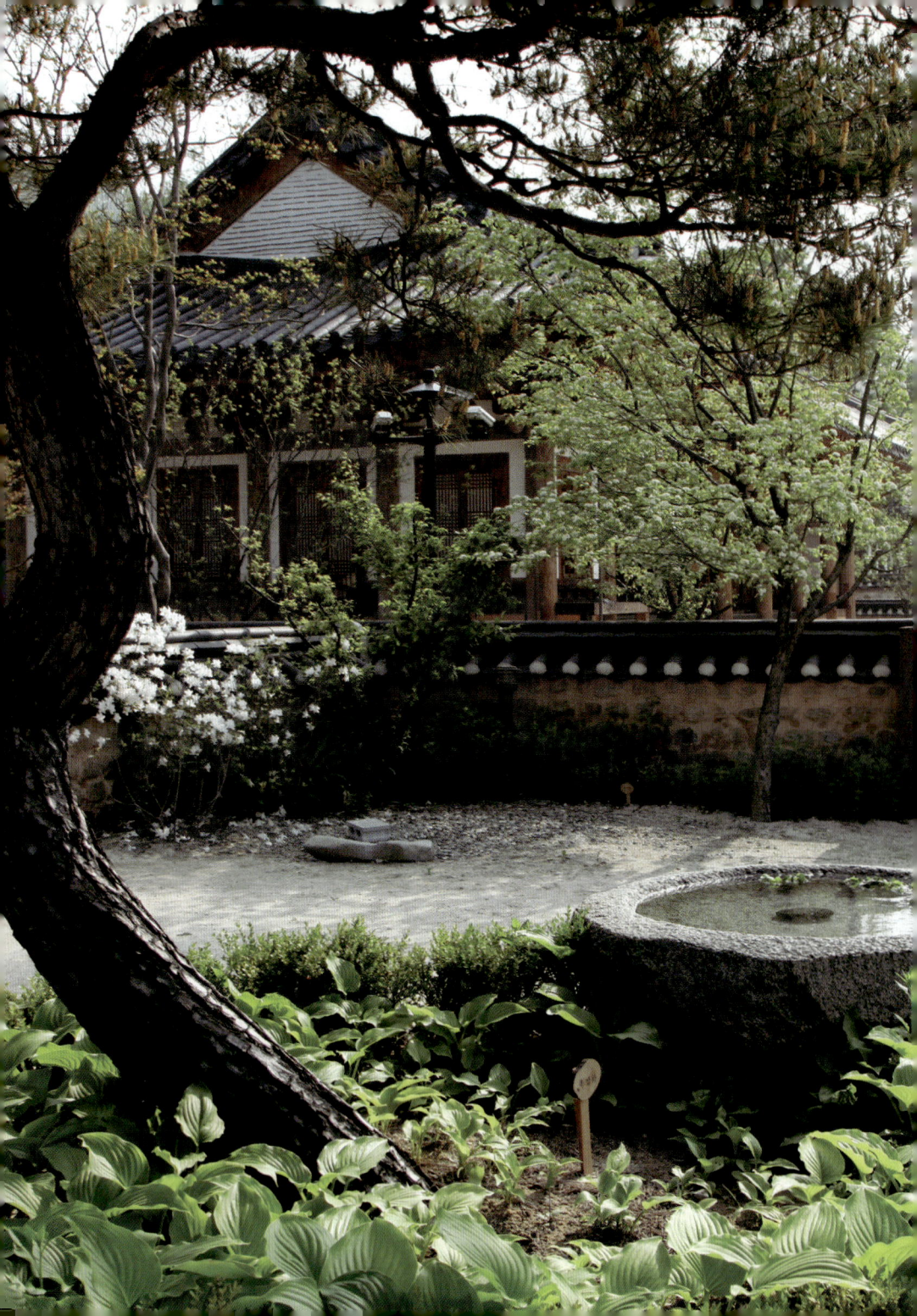

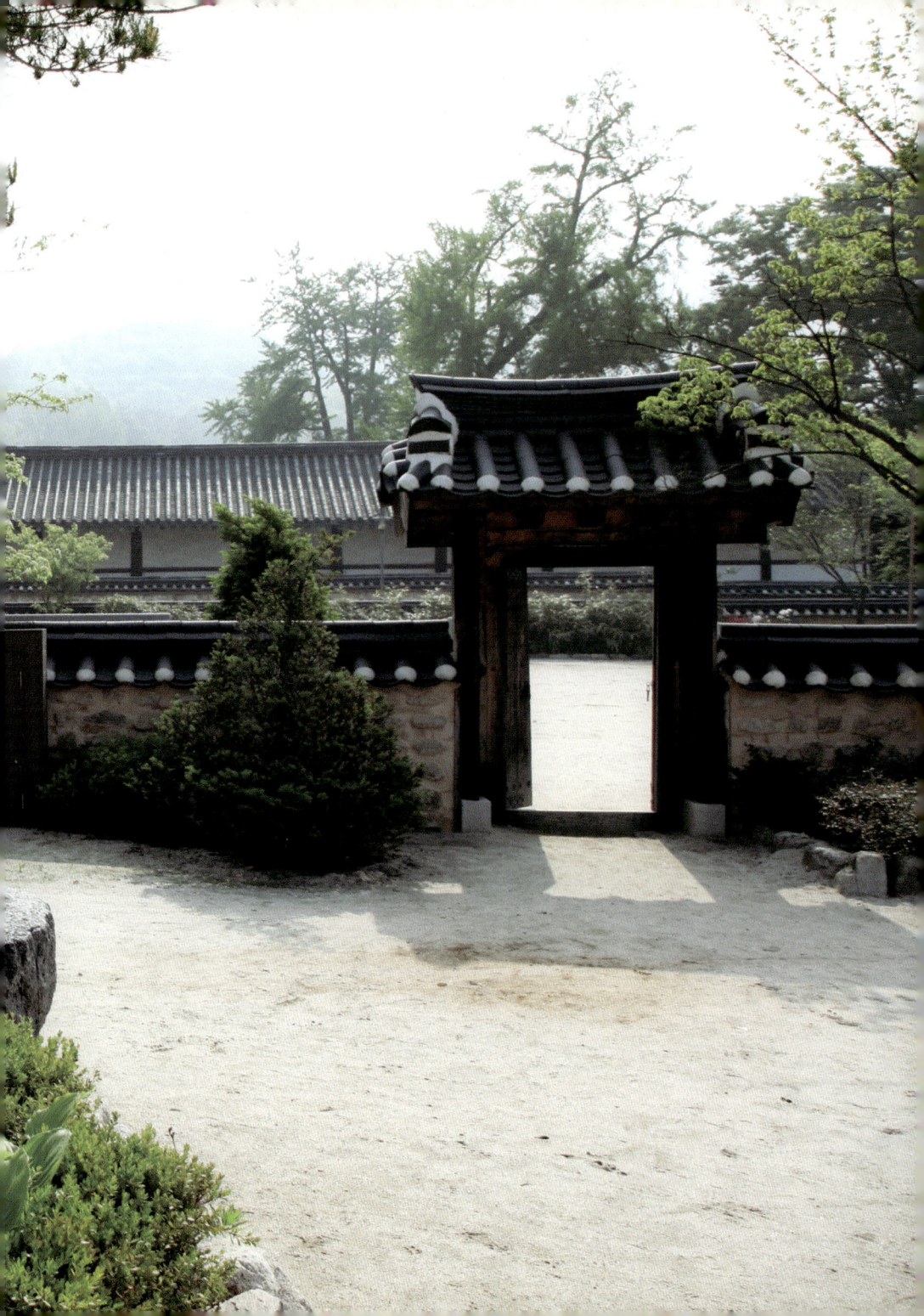

삼대를 잇는 효맥 '학인당(學忍堂)'

학인당 앞에 서면, 우선 우람한 솟을대문 양옆에 돌담으로 정성껏 쌓은 방화장(防火墻)이 눈에 띈다. 학인당은 고종 때 효자로 알려진 인재(忍齋) 백낙중이 지은 집이다. '전라북도 민속 자료 제8호'로 지정된 이 집은, 지금 그 후손이 한옥 체험 문화 공간으로 수선해서 집을 관리하고 있다.

예전부터 백낙중의 가문은 이 근처에서 보기 드문 효문(孝門)으로 널리 알려져 왔다. 전해지는 얘기로는, 조부인 백방진과 부친 백진수 그리고 이 집을 지은 백낙중까지 그 효맥(孝脈)이 무려 삼대에 걸쳐 이어져 내려왔다고 하니, 보통 일이 아니다. 그 효행에 감복한 당시 조정에서도 이를 치하하여 관직까지 내렸다고 한다. 현재 전주시 완산구 고사동에도 이들을 기리는 효자문이 남아 있고, 또 지금 이 학인당 솟을대문에 걸려 있는 현판도 그 증표로 전해진다. 《전주향교지(全州鄕校誌)》에 그 사실이 잠깐 언급되어 있는데, 옮겨 보면 다음과 같다.

> 忍齋 白樂中은 뛰어난 孝子로서, 高宗皇帝(1863~1907 재위)로부터 承訓郞 英陵參奉에 除授되었다. 死后에 이를 널리 알리기 위하여 本人의 號中 忍字를 따서 學忍堂이라 하였다. 솟을대문에는 白樂中之閭라 쓴 懸板을 걸어 놓았다. 七樑架構의 곱은자 집으로 꺾이는 부분의 八作지붕 처리가 흥미로우며 추녀(春舌)와 사래 끝 등에는 銅版으로 싸서 風雨를 막게 하였다.
>
> 이 건물은 朝鮮朝 末期에 建立된 上流住宅으로 全州古都 韓屋保存地域의 代表的인 建物中 하나이다. 當時 一流 都片手와 木工 等 延人員 四, 二八○名이 鴨綠江 五臺山 等의 木材를 사용하여 二年 六個月에 걸쳐 건축하였다 하며 白米 四,○○○石이 투입되었다고 한다.

— 《전주향교지(全州鄕校誌)》(2004, 164~165쪽)

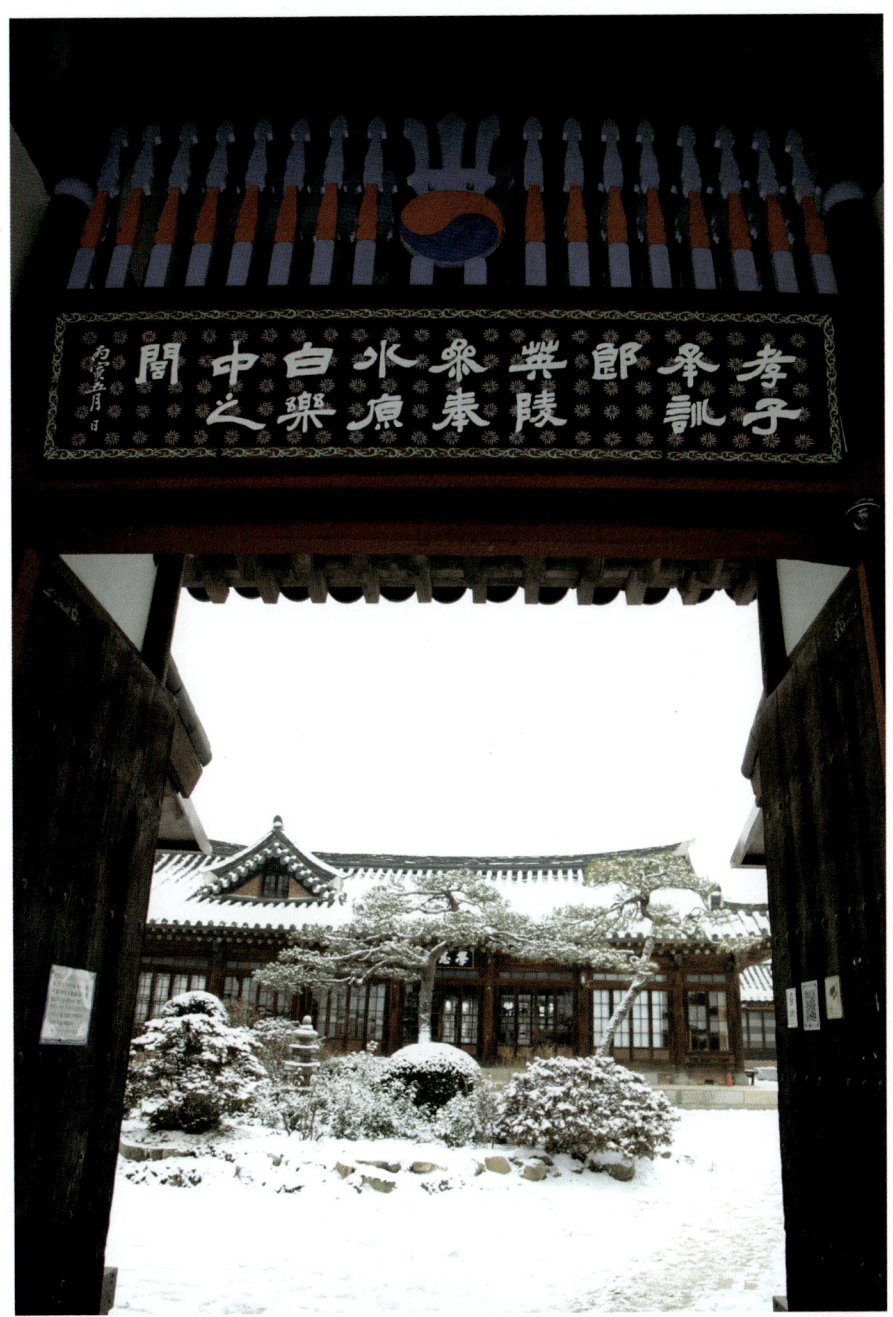

학인당 정려문
효의 맥이 삼대에 걸쳐 이어져 관직이 제수되고 정려가 내려진 효의 집안임을 알려 주고 있다.

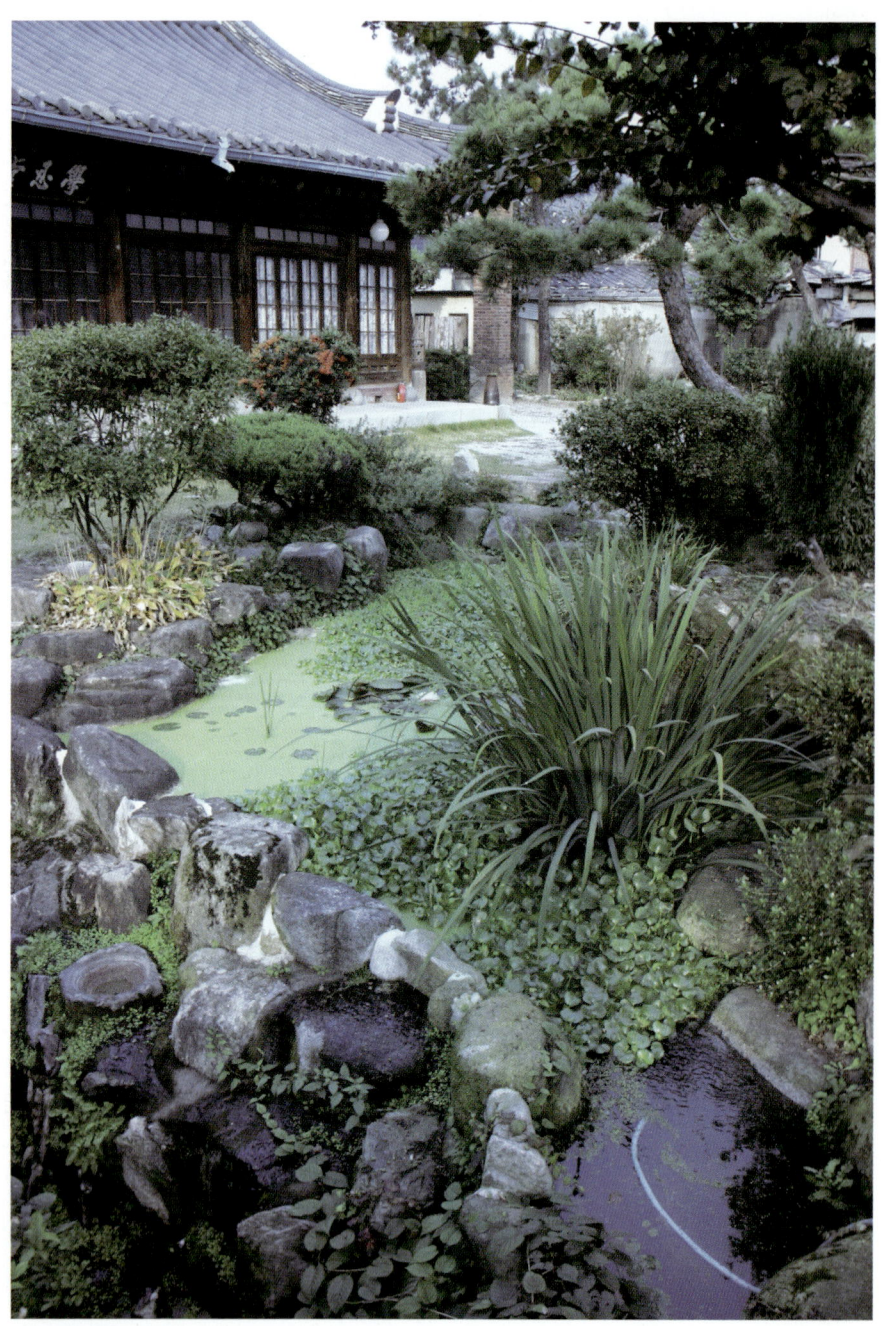

전설이 어리고 서린 솟을대문 한쪽을 살그머니 열고 들어서니 기대했던 고즈넉한 대청마루는 보이지 않고, 만고풍상을 대신 겪었을 법한 소나무 두 그루 사이로 미끈한 미서기 유리문이 먼저 눈에 띤다. 한옥에 유리문이라니, 좀 의아해하면서도 유리문을 밀치고 마루에 앉아 사방을 둘러보니, 집을 가꾼 솜씨가 만만치 않다.

조선 말, 대원군이 왕권을 회복하고자 경복궁을 중건할 때 이에 적극 협력한 이 집주인 백낙중의 노고에 화답하는 뜻에서, 고종이 친히 보낸 도편수가 집을 지었다고 한다. 기록대로 들이치는 비바람을 막기 위하여 추녀와 사래 끝 부분을 감싸놓은 동판(銅板) 역시 이제는 제법 자연스럽다.

한때 2000여 평이 넘는 대지에 건물의 규모가 무려 99칸에 이르렀다는 것도 벌써 옛말이 된 듯, 지금은 500여 평 남짓한 대지에 안채와 사랑채 그리고 별채와 정원, 연못 등이 다소곳이 남아 있다. 안채는 전면 8칸에 측면 7칸으로 건물의 뼈대를 마련한 뒤, 지붕을 7량(七樑)으로 꾸미고 그 위에 팔작지붕을 얹어놓아서 그런지 민가치고는 다소 우람해 보이긴 하지만, 그보다는 지붕 박공벽면에 설치한 유리창이 먼저 눈에 들어온다. 한옥에 유리창을 달았다면 아마 당시에도 상당한 주목거리였을 텐데, 이를 강행한 집주인의 뱃심이 놀랍다.

집주인의 성격은 발 아래 기단에서도 그대로 드러난다. 지금도 남보다 집을 높게 지으려면 이런저런 앞뒷집 눈치를 봐야 하는 것이 현실인데, 이 집 학인당은 그래 보이지 않는다. 우선 3단으로 쌓아올린 장대석(長大石) 기단의 위용이 그렇고, 또 그 위에 고복형(鼓腹形) 형태의 주초석을 정갈하게 설치하고 원형 기둥을 세운 것부터가 그렇다. 하긴 아무리 시대 말이라 하더라도 어명을 받아 짓는 집에 감히 누가 딴죽을 걸 수 있었으랴.

어쨌든 마루와 대청, 툇마루는 옛날 법식 그대로인 우물마루로 짜서 달았고, 벽의 창호는 여닫이 덧문에 바로 창호지문을 붙여두었다가 가장 안쪽에는 갑창

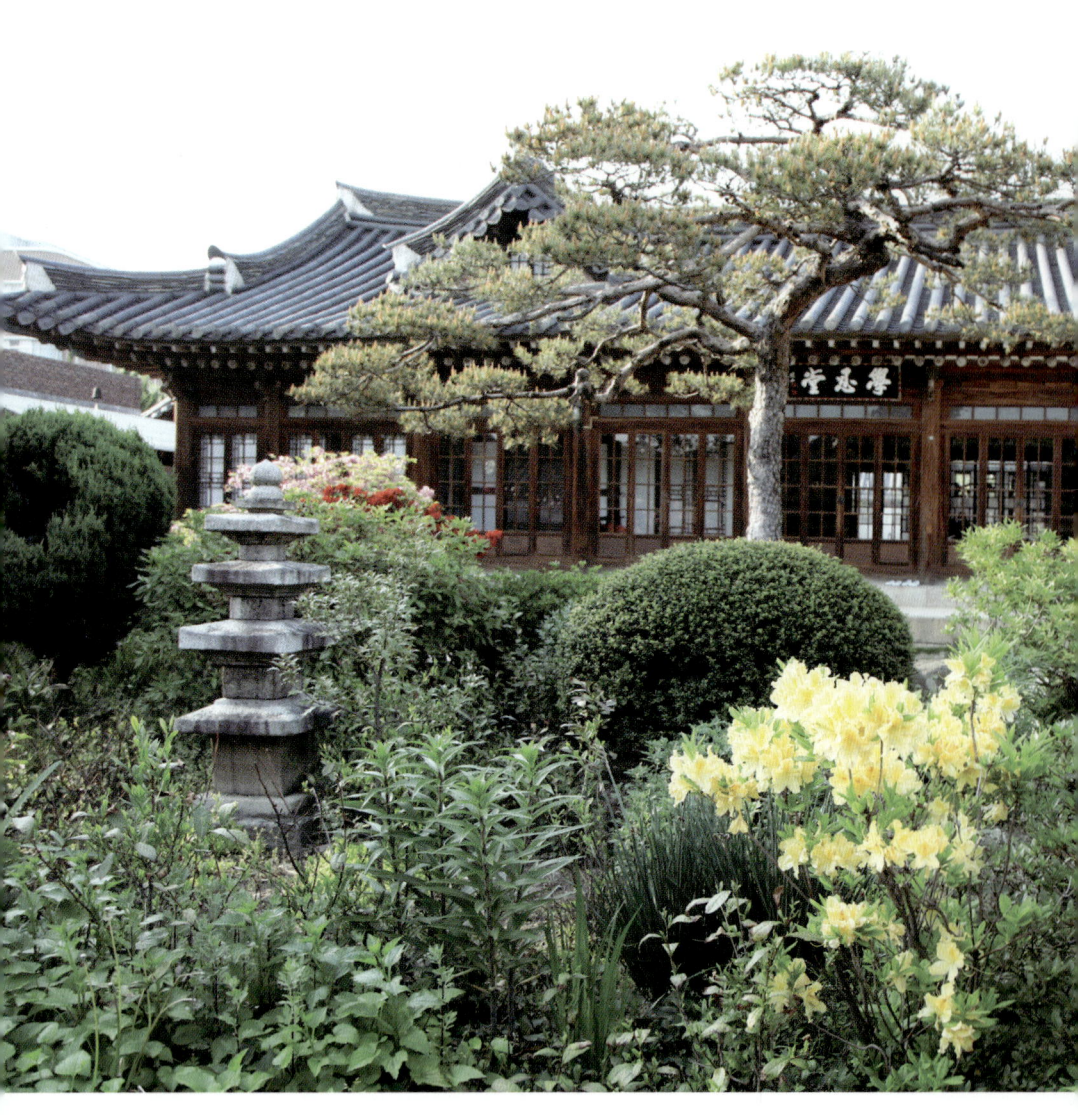

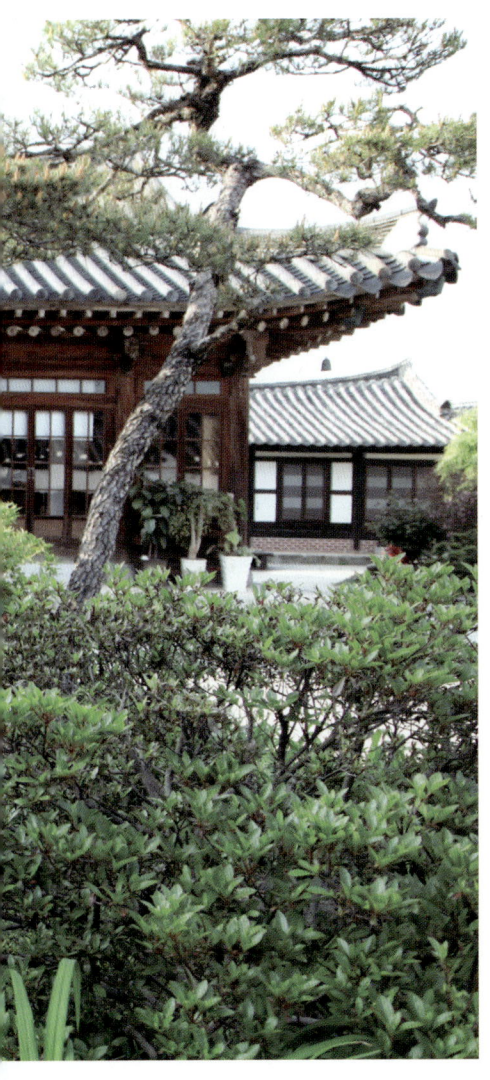

(甲窓)을 미닫이로 설치하는 등 당시 서울 상류 주택에서 유행하던 삼중창 방식 그대로 꾸며 놓았다. 게다가 대청과 큰방 사이에 팔분합문(八分閤門)을 설치하여, 집 안에서 벌어지는 크고 작은 행사 때마다 쉽게 공간을 확장할 수 있도록 마련해 둔 것도 눈에 띈다. 이때 다른 집처럼 그냥 분합문만 떼어 내는 것이 아니라 아예 문턱까지 모조리 다 들어낼 수 있도록 고안한 것이 특이하다. 아마 이 집 설계자는 처음부터 한옥의 가변 구조 특징을 훤히 꿰뚫고 있었던 듯하다.

해방 이후에도 학인당에는 당시 유명인사들의 발걸음이 끊이지 않았다고 한다. 이 지역에서 주요 행사가 벌어질 때마다 만찬장이나 영빈관으로 사용되었을 뿐만 아니라, 한때 백범(白凡) 선생마저 고단한 몸을 쉬어 갔다고 하니, 누구든 학인당의 대문간 문턱을 넘나드는 순간, 순식간에 스쳐 지나간 우리 근대 역사의 한 토막과 직면하게 될 것이다.

전주 최씨 종대(全州崔氏宗垈)

전주 최씨 시조 월당(月塘) 최담은 고려 말 우왕 3년(1377), 32세에 대과에 급제하였으나 관직을 버리고 고향 전주로 내려왔다.

'전주 최씨 종대(全州崔氏宗垈)'는 고향에 낙향하여 후학 양성을 위해 지은 건물이다. '종대(宗垈)'란, '한 종족이 대대로 지켜온 터전'을 말한다.

종대 옆에는 당시 최담 선생이 심었다는 수령 600년이 넘는 은행나무가 집안의 역사를 말해 주고 있다. 전주에서 유일하게 전라북도 지정 보호수(전북 제9-001호)인 은행나무는 한옥마을을 찾는 사람들에게 화려함과 아름다움을 주고 있다.

그러나 전주 최씨 족보와 집안에 전해 오는 여러 고문서를 보면, 전주 최씨 종대는 월당 선생의 4남인 연촌공이 살던 옛집이고, 아버지 월당공의 터전은 전주향교 동편 한벽당의 오른쪽에 있다고 기록되어 있다. 따라서 전주 최씨 종대는 최담 아들인 덕지(1384~1455)가 살던 집이고, 또 은행나무도 덕지가 심었다는 것에 더 신빙성을 주고 있다.

현재의 종대 화수각(花樹閣)은 전면 3칸·측면 3칸의 팔작지붕 건물로, 상량문을 살펴보면 1938년에 새로 지은 것으로 추정된다. 건물의 구조는 화려하지 않으나 내부에 사용한 목재는 웅장하고 아름답다. 또 둥그렇게 잘 다듬어진 주춧돌은 옛것을 그대로 사용한 것으로, 조선 시대에는 이런 형태의 주춧돌을 함부로 쓸 수 없었던 것이라 하며, 건물의 4면 툇마루가 둘러져 있다.

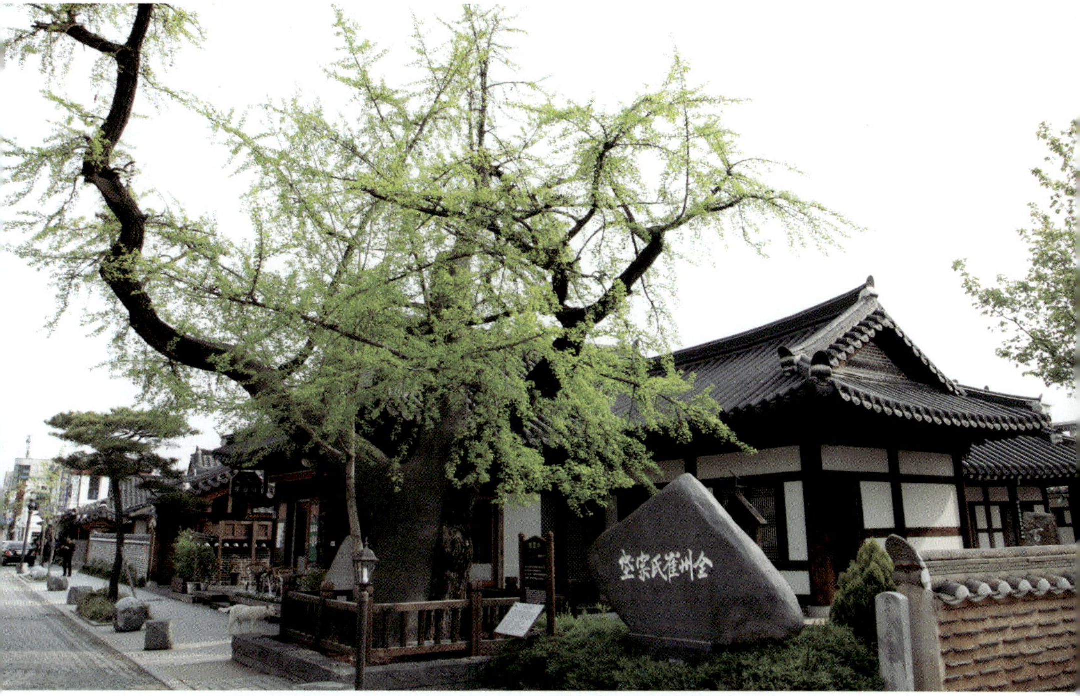

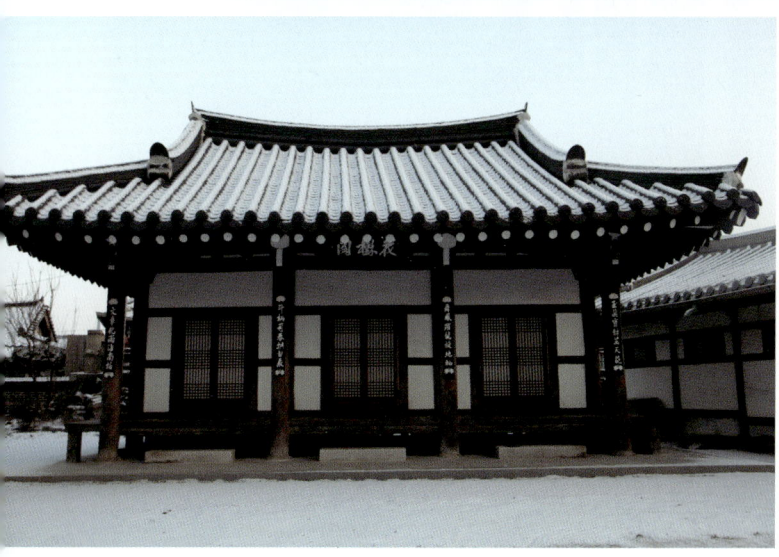

화수각

최덕지는 고려 문종 원년(1451)에 예문관 직제학, 춘추관 기주관이 되었으나 이듬해 나이가 들었다는 이유로 사직. 고향 전주로 내려와 후학 양성에 힘쓰며 이 집을 건축했을 것으로 보고 있다.

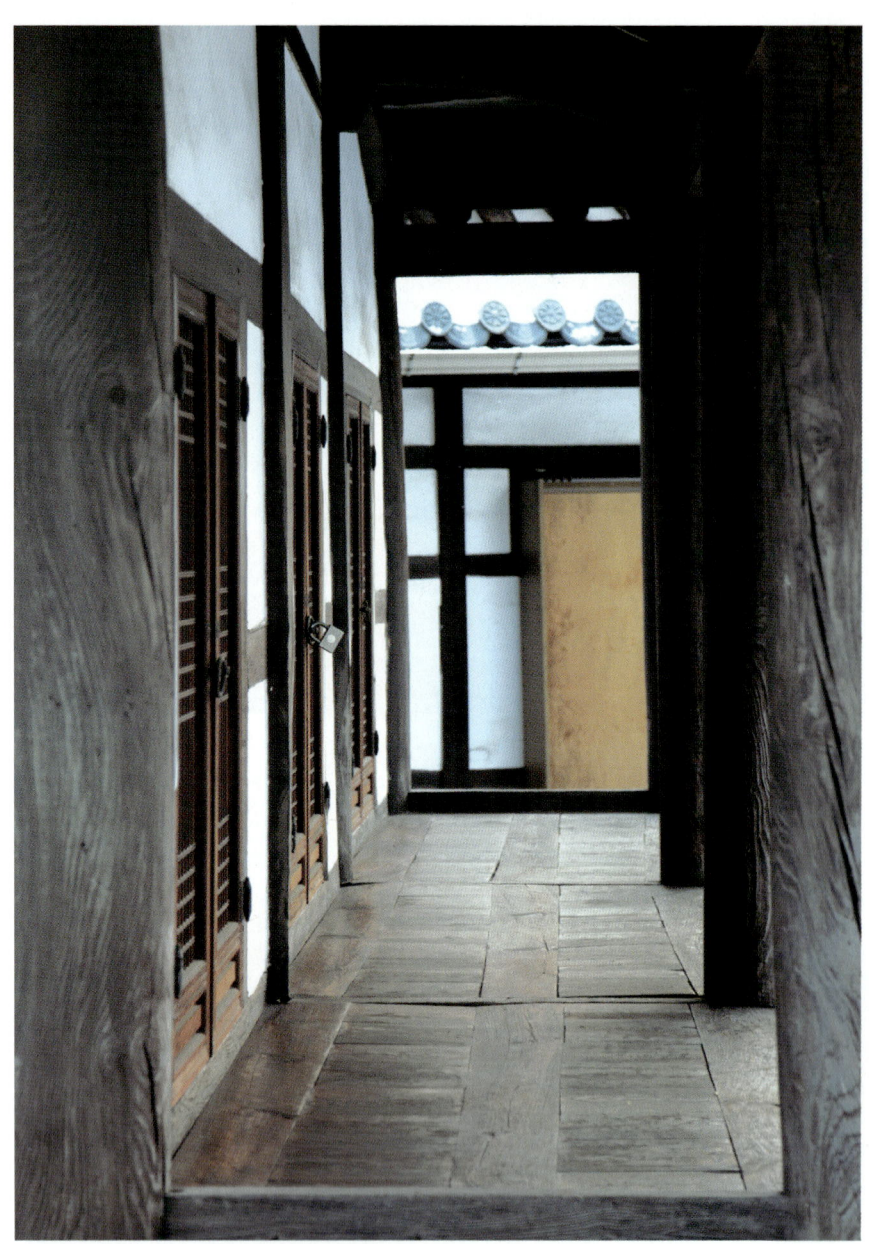

화려하지 않은 건물 구조지만 사용된 목재는 웅장하고 아름답다.

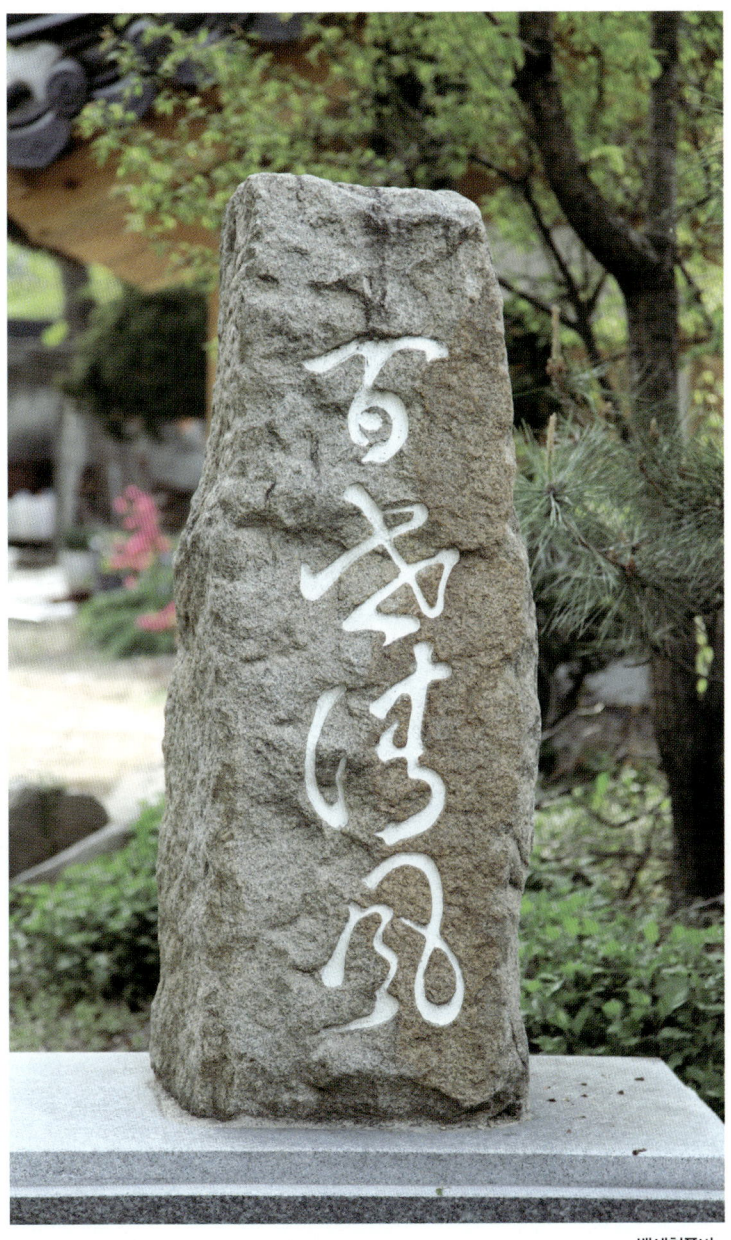

백세청풍비
'백세청풍'은 오랜 세월에 걸친 세대라는 뜻을 갖고 있다.

물안개 피어나는 곳, '한벽당'

전주 인근에는 원래 수많은 누정(樓亭)이 있었던 것으로 전한다. 조령(朝令)에 의거해서 만든 『완산지(完山誌)』는 1800년대 후반 전주부에서 직접 편찬한 읍지인데, 여기에 이름이 등장하는 누정만 해도 20여 곳에 이른다. 그런데 믿을 수 없으리만치 거의 대부분이 사라져 버리고 향교의 만화루를 비롯해서 오목대와 한벽당만 겨우 남아 있다.

한벽당의 원래 이름은 '월당루(月塘樓)'였다고 한다. 월당 최담이 자신의 아호를 따서 지은 누각이었다.

한벽당이 언제 세워졌는지는 명확한 기록이 없어서 확인할 수는 없다. 다만 누각 아래 비각에 있는 '최담유허비'에 의하면 마지막으로 관직에서 물러나 귀향한 때가 정종 2년(1400)이었으니, 아마도 그 무렵 옥류동에 누각을 짓고 글공부에 전념하였던 것으로 추정할 뿐이다.

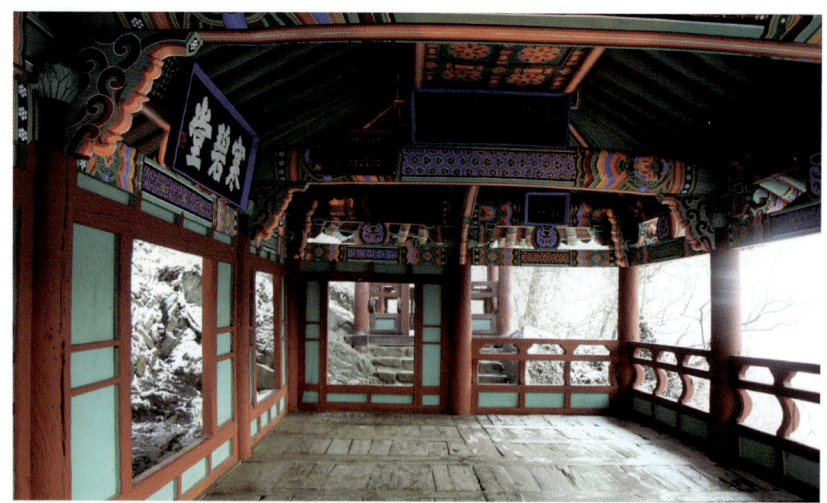

한벽당(전라북도 유형문화재 제15호)

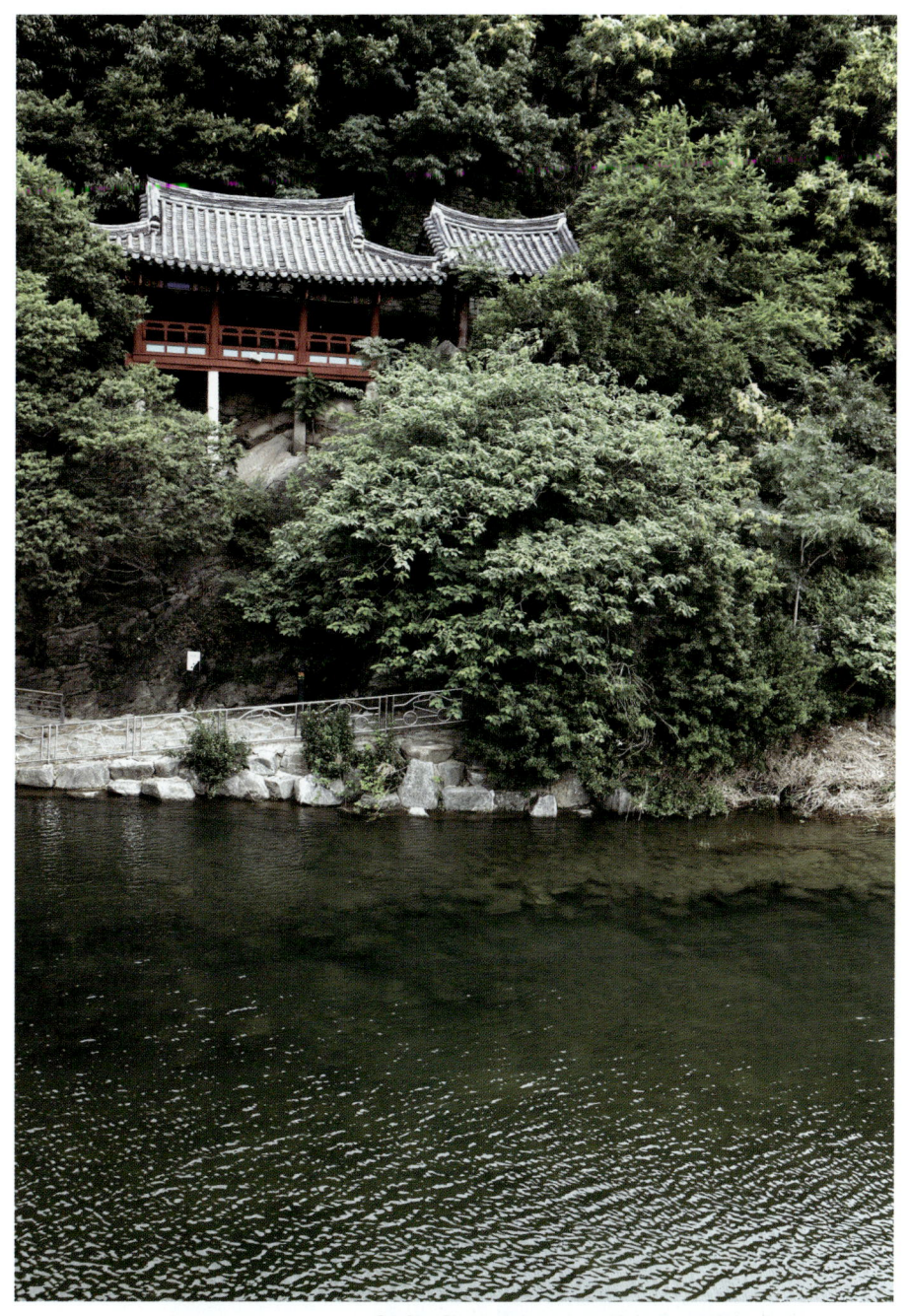

옥류천이 한눈에 내려다보여 예로부터 시인·묵객들이 즐겨 찾은 곳이다.

한벽당 옆 바위에는 '광풍제월(光風霽月) 연비어약(鳶飛魚躍)'이라는 글자가 암각되어 있어 그가 얼마나 자연을 벗삼아 유유자적 지냈는지 짐작케 한다.

"맑은 날의 바람과 비 개인 날의 낮달이여. 솔개가 하늘을 날고 물고기가 뛰어오르는구나……." 세상살이의 최고 경지를 공자는 그렇게 표현했다. 최담 역시 그런 삶을 살다 갔는지, 한벽당에 서면 청연(晴煙)은 쉽게 걷히고 마는 터라 잠시뿐이고, 늘 묻고 싶어질 것이다.

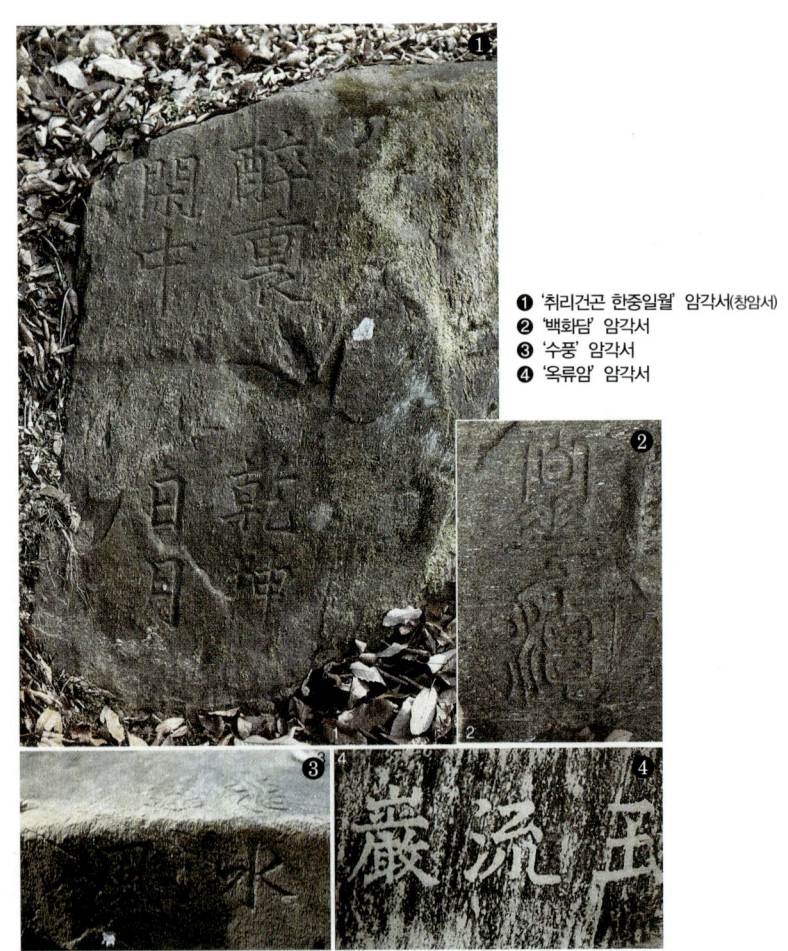

❶ '취리건곤 한중일월' 암각서(창암서)
❷ '백화담' 암각서
❸ '수풍' 암각서
❹ '옥류암' 암각서

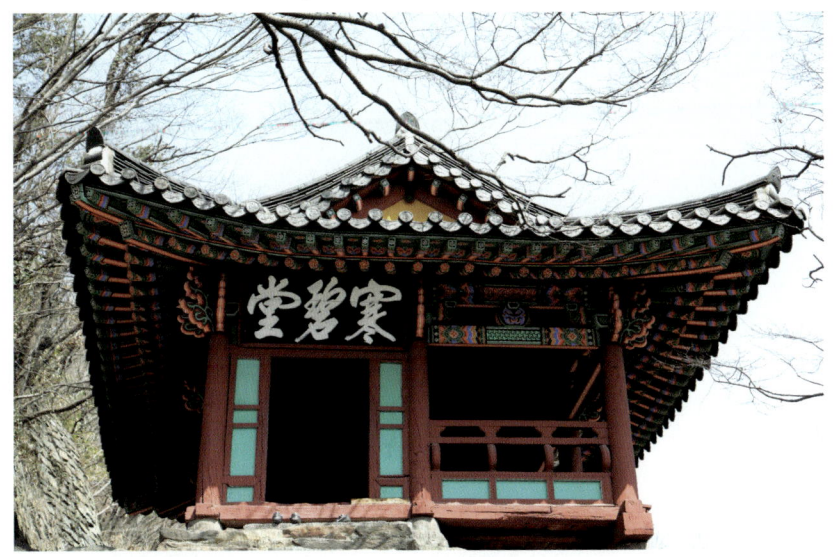

　　최근 전주 호사들 몇몇이 모여 한옥마을만의 10경을 선정해서 발표했다. 시인 김용택과 안도현, 전주시장 송하진, 전 언론인 양창명, 한학자 이형구, 방송인 최태주, 소설가 이병천이 그들이다.

　　기린봉이 토해내는 달(麒麟吐月)과 남고사의 저녁 종소리(南固暮鐘), 한벽당에서 보는 맑은 연기(寒碧晴烟)는 전주 8경과 동일하다. 모두 한옥마을과 연관이 있기 때문이다. 나머지 일곱 곳의 경치는 다음과 같다.

　　자만문고(滋滿聞古) : 자만동에서 들을 수 있는 수많은 역사와 설화
　　남천유월(南川流月) : 남천을 따라 서쪽으로 유유히 흘러가는 달
　　오목풍가(梧木風歌) : 오목대에서 들려오는 바람의 노래, 이성계가 부른 대풍가
　　경전답설(慶殿踏雪) : 경기전 뜰에 쌓인 눈을 가만히 밟아보는 일
　　교당낙수(校堂落水) : 전주향교 처마에서 떨어지는 낙숫물소리, 곧 글 읽는 소리
　　행로청수(杏路淸水) : 은행로를 흐르는 맑은 실개천, 옛 이름 청수동에서 유래
　　우항곡절(迂巷曲折) : 굽이굽이 골목길마다 쌓인 곡진한 삶의 얘기들

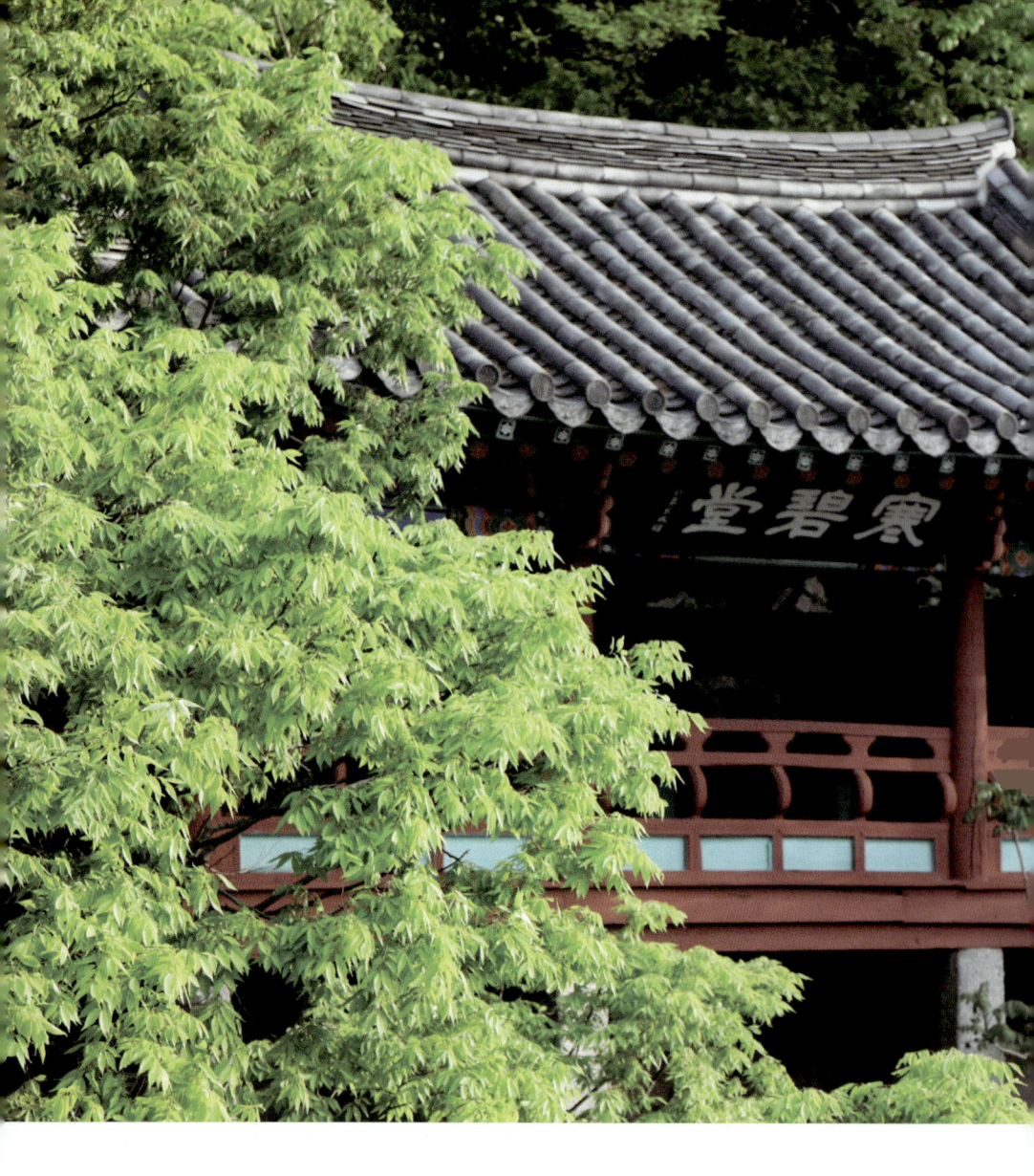

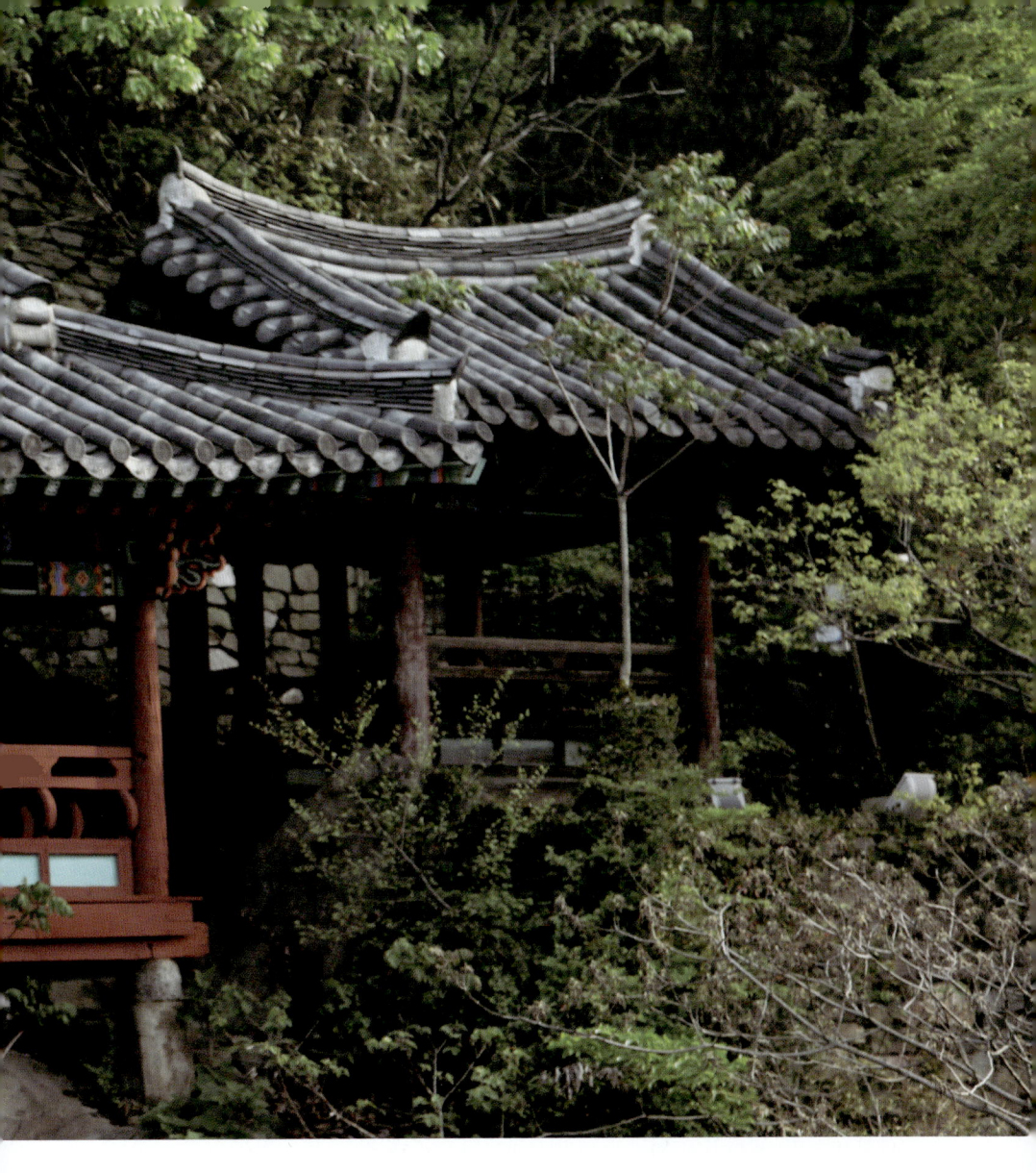

전주한옥마을과 인물

전주한옥마을에서 가문을 연 '전주 이씨'

전주 이씨 시조는 신라 삼정승의 하나였던 사공(司空) 이한(李翰)이다. 신라 문성왕(文聖王, 839~857) 때의 일이다. 해상왕 장보고가 활약하던 바로 그 시기다. 이한이 전주 이씨 시조가 된 데는 명확한 자료가 존재하지 않아서 의견이 분분하다. 본래 경주 이씨였으나 이한이 완산(전주)으로 이주하면서 전주 이씨 시조가 되었다고도 하고, 본래 중원(중국) 사람이었는데 박해를 피해 신라로 귀화해서 완산에 거주했다는 얘기도 있다.

이한은 완산인(完山人)이 되어 전주에서 살았다. 아마 사공 벼슬에서 물러난 후의 일일 것이다. 사공이라는 막강한 벼슬아치는 신라 궁궐 근처, 서라벌에 거주해야만 했을 테니 말이다. 기록으로 볼 때 전주한옥마을과 인연을 맺은 최초의 인물은 바로 그 '이한'이다. 그가 전주한옥마을에 살았을 것이라는 추측은 얼마든지 가능하다. 그의 후대인 목조 이안사에 대한 자료가 이를 뒷받침하고 있다. 기록에 의하면 이안사의 선대 조상들은 대대로 전주 교동, 곧 이목대터에서 세력을 이루며 살았다고 한다. 앞서 언급한 발산이 바로 그 곳이다. 그래서 발산을 '발이산(發李山)', 곧 전주 이씨가 발원한 산이라고 표기하는 경우도 많다.

북쪽과 동쪽으로는 산이 병풍처럼 둘러섰고, 남쪽으로는 청연이 피어오르는 남천 맑은 물이 사철 흘러간다. 그런가 하면 서쪽 옆구리로는 번화한 도회지가 펼쳐지는 곳, 완산인이 되고자 먼 곳으로부터 이주해 왔을 전주 이씨 시조 이한이 어찌 그런 길지를 마다했겠는가.

현재 전주 이씨 종파는 모두 300에 이른다. 그들 모두의 시조가 처음 전주에 와서 가문을 열고 전주 이씨를 개창한 곳, 그 곳이 현재의 전주한옥마을이다.

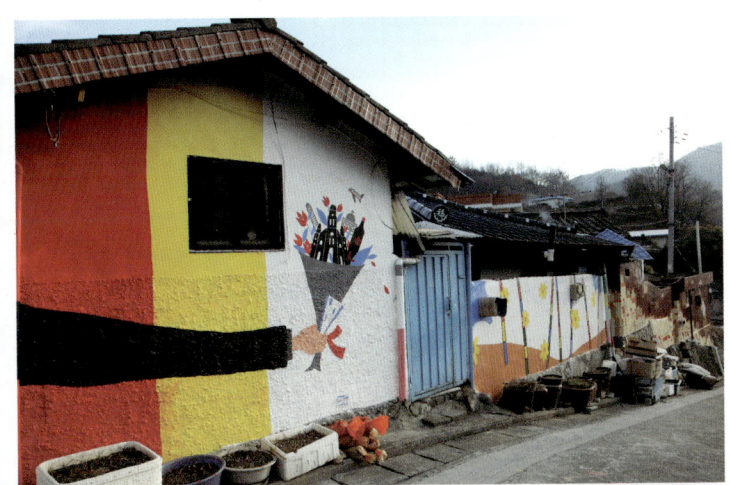

자만동
자만동 골목은 그림 벽화로 조성되어
많은 이들에게 즐거움을 주고 있다.

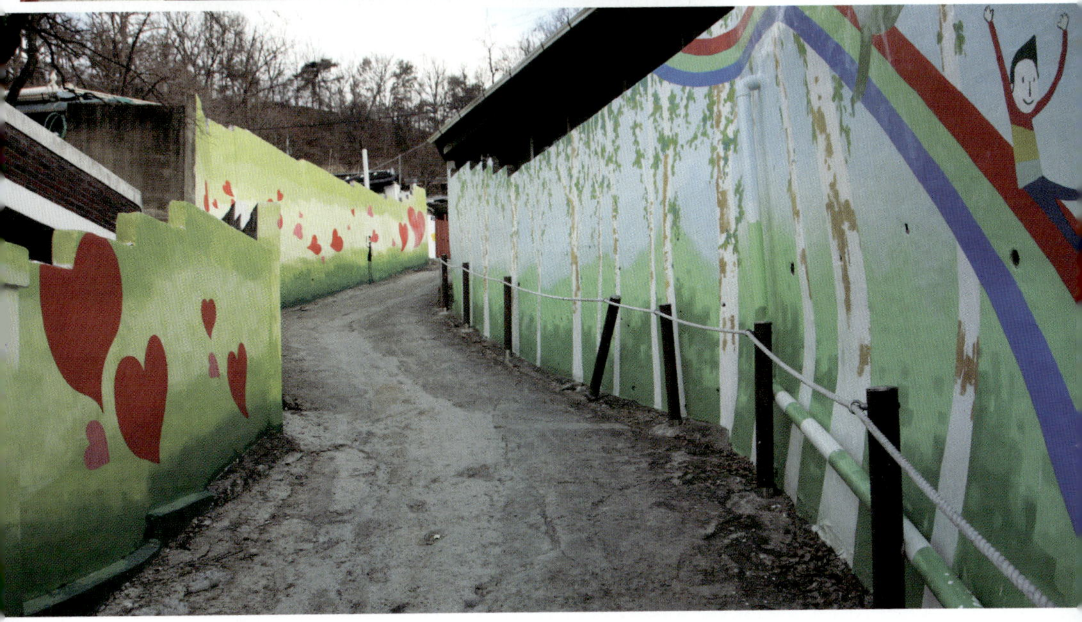

가문의 시조가 이렇듯 구체적으로 어느 곳에서 터전을 일구었는지 명확하게 드
러나 있는 경우는 흔치 않을 것이다. 그러니 전주 이씨 후손들이라면 마땅히 전
주한옥마을을 각별하게 여기지 않을 수 없을 것이다.

완산 아이 '견훤'

가련완산아(可憐完山兒)	가련하다, 완산 아이
실부체연유(失父涕漣濡)	아비 잃고 눈물만 흘리는구나.

『삼국유사』에 전해지는 이 참요는 견훤(甄萱)이 세 아들과 다투는 사이에 왕건이 후백제를 차지할 것이라는 예언을 담고 있다고 한다. 여기서 '완산 아이'는 당연히 견훤의 아들들을 지칭하는 것처럼 들린다. 하지만 그건 견훤 자신을 지칭하는 것이고, 또 그렇게 해석해야 견훤의 비극성이 두드러진다고 말하는 사람들도 있다. 그도 그럴 것이 견훤의 아들들은 그저 견훤의 아이였을 뿐 완산의 아들, 혹은 완산 아이는 될 수 없다는 얘기다. 후백제 백성들의 기대를 저버린 못난 아들이었기 때문이다.

사실이야 어떻든 전주 사람들은 견훤을 종종 '완산 아이'로 칭하고 싶어하는 듯하다. 뒤에 '아이'가 붙은 건 미완의 제국, 그 왕이었던 탓이다. 전주한옥마을과 관련된 역사 인물 가운데 시대적으로 두 번째 꼽히는 이는 아마도 견훤일 것이다.

견훤은 본래 전주 사람은 아니었다. 『삼국사기』에 의하면 경상북도 상주(尙州) 출신으로, 그 곳에서 발병하여 스스로 장군을 칭한 아자개(阿慈)의 장남이라고 한다. 그런데도 그를 시대적으로 전주한옥마을의 두 번째 인물로 꼽는 이유는 전주한옥마을 앞산 가운데 하나인 승암산 동편의 '동고산성(東固山城)'이 바로 견훤의 왕궁터이기 때문이다.

'완산지'에는 다음과 같은 기록이 보인다.

완산은 우리 조선의 근본을 이루는 땅이다. 의자왕이 멸망한 뒤 신라 장군 견훤이 완

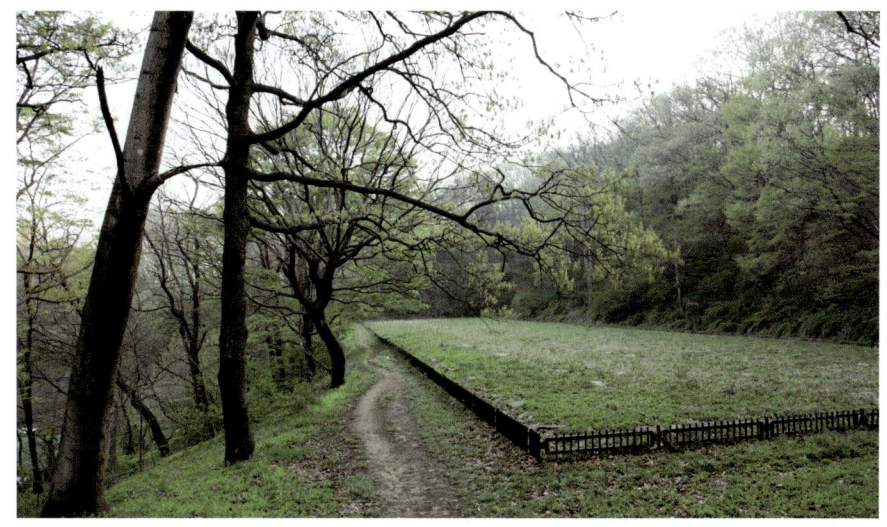

산성에서 40년간을 차지하였다가 고려왕에게 멸망당하였다. 이제 그 옛 성터는 주인 없는 산이 되어서 땔나무나 하고 소나 치는 산이 되었다. 형세는 고덕산, 울진, 남고, 동고가 서로 마주 대하고 뾰족한 바위는 높고 험한 형세를 이룬다. 그 안으로는 말 만 마리를 숨길 수 있는 40리 골짜기가 있고……

한옥마을 남쪽 정면의 산, 전주 8경 중 '남고모종(南固暮鐘)' 이 울려 나오는 남고산 등성이에도 산성이 남아 있으니, 그게 '남고산성' 이다. 남고산성 역시 견훤이 쌓은 성으로 알려져 있다.

동고산성과 남고산성 사이에 궁터가 있고 성벽이 서있었다면 보나마나 견훤은 이 전주한옥마을 일대에서 자기 삶의 황금기를 보낸 셈이다. 전주 남천을 지나면서는 견훤의 말이 물을 마시느라 잠시 멈추었을 게 틀림없고, 한옥마을에 저녁 연기가 피어오르면 백성들의 삶이 여유로운 것이라고 판단하고 견훤은 자신이 개국한 후백제가 영원하리라 믿었을 것이다. 그리고 자신의 아들 '신검(神劍)' 에게 유폐되는 신세로 금산사를 향해 떠날 때에는 한옥마을 모래땅에 뜨거운 눈물도 적지 않게 쏟았으리라.

목조 '이안사'

목조 이안사(1251~1274)는 태조 이성계의 고조부다. 목조, 익조, 탁조, 환조를 거쳐 이성계의 계보에 이른다. 고려 중기 무신 시대를 열었던 이의방(李義方, ?~1174)의 종손이기도 하다. 정확하게는 이안사의 조부 이린(李隣)이 이의방의 바로 아래 동생이었다. 이의방 역시 전주한옥마을 출신의 무인이다.

전주 교동, 지금의 전주한옥마을 이목대에서 태어난 이안사는 「용비어천가」의 첫 대목에 등장하는 인물이기도 하다. 즉, 해동 육룡(六龍) 가운데 첫 용으로 묘사된 인물이다.

앞에서 보듯, 이안사의 가문은 막강한 무인 집안이었다. 이안사 역시 장군의 재목으로 일찍부터 주목을 받았다. 어릴 때는 아이들을 모아 큰 나무 아래에서 진법(陣法) 익히기를 즐겼다고 하는데, 당시 주민들이 그 나무를 일러 '장군수(將軍樹)'라고 불렀다고 한다.

한벽당 앞 전주천 가운데에 '호운석(虎隕石)'이라는 바위가 있는데, 이안사와 관련된 것이다. 하루는 이안사가 여러 아이들과 남쪽 산기슭 아래에서 놀다가 폭풍우를 만나 바위 아래로 들어가 비를 피하고 있었다. 그때 큰 호랑이 한 마리가 나타나 울부짖기 시작했다. 이안사가 아이들에게 말하기를, 호랑이는 한 번에 여러 사람을 잡아먹지 못하니 옷을 벗어던져 시험해보자고 했다. 그때 여러 아이들이 우기기를, 그대가 나이가 제일 많으니 먼저 옷을 던지라고 주장했다. 이안사가 그렇게 하자 호랑이가 그 옷을 덥석 입에 물었다. 이안사는 할 수 없이 밖으로 나섰는데 그 순간 호랑이는 사라지고 바위 아래에 있던 아이들은 모두 죽음을 면치 못했다고 전해진다. 그때 떨어진 바위가 '호운석'이라는 것이다.

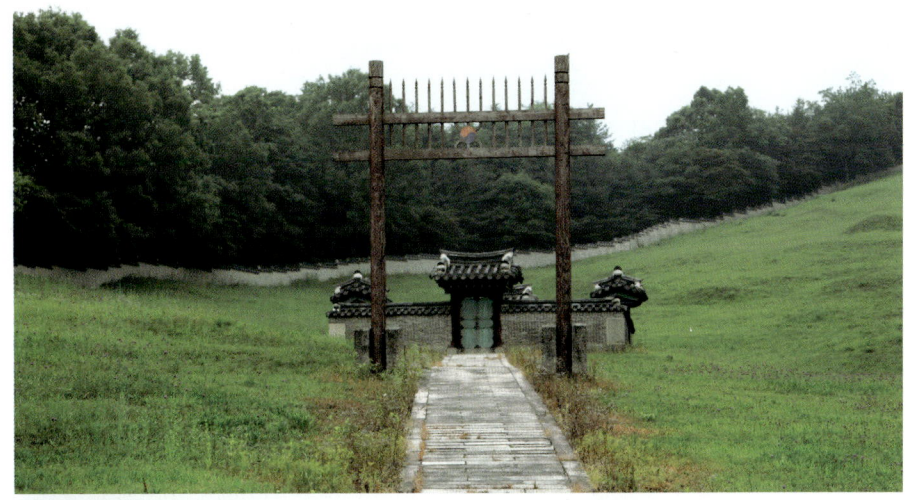

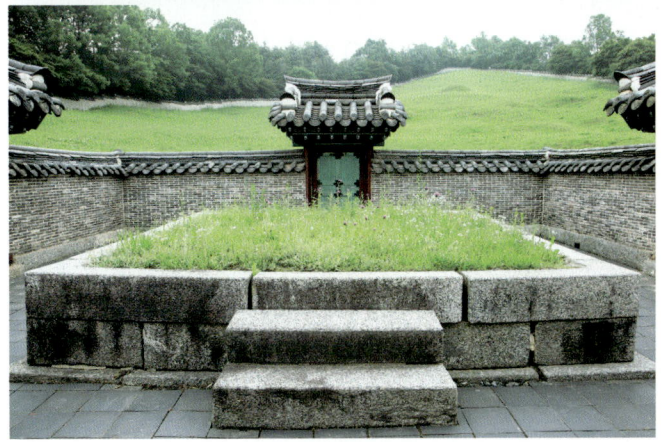

조경단
전주 이씨의 시조 이한의 묘소
(전라북도 기념물 제3호)

　이안사는 전주에서 오래 살지는 못했다. 관기(官妓)를 사이에 둔 산성별감(山城別監)과의 알력 때문이었다고 한다. 둘 사이에는 이내 싸움이 벌어졌고, 전주의 지주(知州)가 산성별감과 한편이 되어 싸우게 되었다. 지주가 조정에 보고하고 이어 군사를 동원하여 해치려 한다는 소식이 들려왔다. 할 수 없이 이안사는 가솔들을 전부 이끌고 삼척으로 이주하게 된다. 이때 그를 따르던 170여 호가 함께 이주했다고 한다. 삼척은 목조 이안사의 외가(外家)였다.

오목대에서 부른 「대풍가」, '이성계'

1380년, 이성계는 삼도(三道) 순찰사로 남원 지역에 출몰하는 왜구들을 막기 위해 내려왔다가 남원 운봉과 아영의 접경인 황산에서 왜구의 대부대와 맞섰다. 당시 왜구를 지휘하던 장수는 약관에 불과했던 '이기바투', 이 소년 장수의 무술과 담력은 여러 문헌에 그 기록이 전해질 정도로 뛰어났다.

전투는 하룻밤과 낮 사이에 걸쳐 일어나고 끝났다. 밤에는 이성계의 고려군이 달빛을 끌어들여 전투를 유리하게 이끌었다고 해서 훗날 그 곳의 지명이 '인월(引月)'로 바뀌기도 했다.

결정적인 승리는 이성계와 퉁두란의 활솜씨에 의한 것이었다. 아지발도는 두 눈만 빠끔히 내놓고 머리 부분을 온통 투구로 둘러싸고 있어서 화살을 아무리 명중시켜도 치명적인 부상을 입힐 수는 없었다. 그래서 이성계와 퉁두란이 모의해서 먼저 이성계가 활을 날려 투구 끈을 잘랐다. 그리고는 두 번째 화살로 투구가 벗겨지게 만들었고, 퉁두란이 그 틈을 놓치지 않고 재빨리 화살을 날려 그의 목을 꿰뚫었다고 한다. 황산대첩, 이성계를 일약 고려 말 최고의 권력자로 부상케 했던 전투 내막이 그러했다.

1600여 필의 말까지 노획해서 한양으로 돌아가던 이성계는 오목대에 올랐다. 대대로 선조들의 뼈가 묻혀 있는 곳이라서 아마 그냥 지나치기도 어려웠으리라.

전주 이씨 종친들이 초대된 가운데 오목대에서는 성대한 연회가 열렸다. 취기가 오른 이성계는 일어나 「대풍가(大風歌)」를 불렀다. 한 고조 유방이 창업의 뜻을 노골적으로 표출했던 바로 그 노래였다.

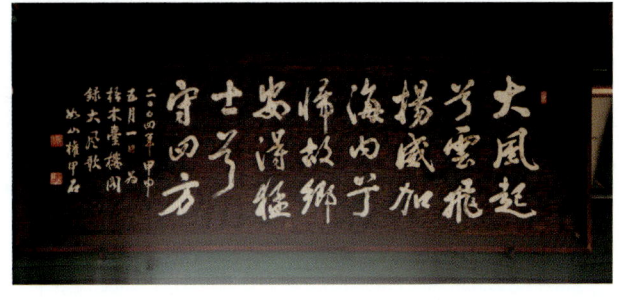

대풍기혜(大風起兮)	큰 바람 일어나니
운비양(雲飛揚)	구름이 날아 흩어진다.
위가해내혜(威加海內兮)	기세를 온누리에 떨치고
귀고향(歸故鄉)	고향으로 돌아가느니
안득맹사혜(安得猛士兮)	어찌하면 날랜 장사를 얻어
수사방(守四方)	천하를 지킬까?

　종사관으로 따라왔던 정몽주는 이성계의 노래를 듣고 아연실색했다. 「대풍가」 하나로 이성계의 심중을 읽어 낸 그는 연회장을 빠져 나와 남고산 만경대 바위 앞에 섰다. 그리고 고려의 운명을 걱정하며 시 한 수를 읊었다.

구월고풍수객자(九月高風愁客子)	구월 소슬바람에 나그네 시름 깊고
백년호기오서생(百年豪氣誤書生)	백년 호탕한 기운을 서생은 그르쳤네.
천애일몰부운합(天涯日沒浮雲合)	하늘가 해는 기울고 뜬 구름 모이는데
교수무유망옥경(矯首無由望玉京)	하염없이 고개 들어 송도만 바라본다.

　　　　　　　　　　　　　　　　　　　　　－ 칠언율시 중 뒤 4구

　정몽주가 읊은 이 시는 지금도 만경대 바위에 새겨 전해지고 있다. 전라도 관찰사 권적(1675~1755)이 영조 18년(1742)에 새긴 것이라고 한다. 이성계와 정몽주, 혹은 이방원과 정몽주의 악연은 그 일로 비롯되어 끝내 돌이키지 못할 두 갈래 길로 나뉘어졌다.

장독에도 쓰던 이름, '이삼만'

창암 이삼만(李三晩, 1770~1847)은 추사와 비견되는 명필가이다. 정읍 출신인 창암은 전주한옥마을의 옛 지명인 자만골에서 필명을 확산했으며, 만년을 한옥마을 남쪽 5㎞ 밖의 완주 상관면 죽림리 공기골에서 기거하며 일생을 풍미했다. 오늘날 편백나무숲으로 잘 알려진 바로 그 지역이다.

사실, 그의 원래 이름은 '규환(奎煥)'이었다. 그런데 학문이 늦고, 벗의 사귐이 늦고, 결혼까지 늦어서 '삼만'으로 개명했다고 한다. 그런 만큼 그는 붓글씨 연습에 지독하리만치 열중하여 조선 후기 3대 명필가의 반열에 올랐다. 무명베에 글씨 연습을 했는데 검어지면 빨아서 다시 쓰기를 거듭했고, 병중에도 하루 천 자씩 쓰기를 게을리 하지 않았다고 한다. 먹을 갈아서 벼루 3개를 구멍 내지 않으면 서예의 심오한 경지를 알 수 없을 것이라고 스스로를 채근하기도 했다. 이삼만과 당대 명필가들의 글씨를 비교한 아래 자료를 통해서 그의 글씨를 대략이나마 미뤄 짐작할 수 있다.

원교 이광사(李匡師)가 신지도에서 바다 물결이 출렁거리는 원교체(圓嶠體)를 이룩하였다면, 추사 김정희는 제주도 대정의 거친 물결에서 추사체를 굳혔을 것이며, 창암 이삼만 또한 공깃골의 맑은 계곡에서 유수체(流水體)를 익혔으리라.

원교와 추사, 창암의 글씨는 사찰 편액으로도 적지 않게 전해지고 있다. 특히 해남 대흥사(大興寺)는 이들 세 명필가의 글씨를 한 자리에서 살펴볼 수 있는 흔치 않은 곳이기도 하다.

오래 전, 전라도에는 기이한 풍속 하나가 있었다. 장독대에 뱀이 올라오지

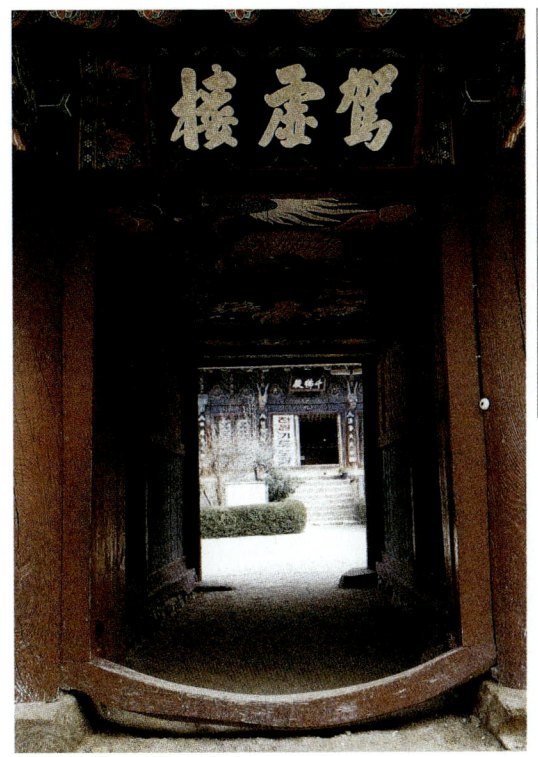

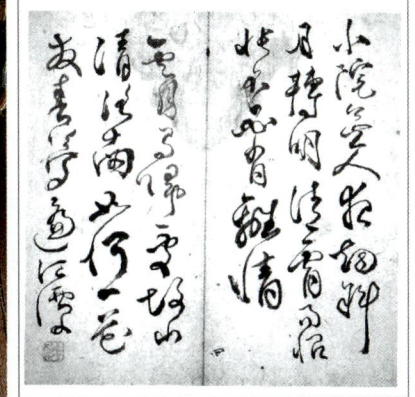

해남 대흥사 '가허루'
천불전으로 들어가는 입구 가허루 문. 보통의 누문과는 달리 형식이 중앙의 출입문을 통해 내정에 들어간다.
호남의 명필 창암 이삼만의 글씨이다. 어려서부터 글씨 학습에 열중하였던 그는 병중에도 하루에 천 자씩 쓰면서 평생에 벼루 3개를 구멍 내겠다고 할 만큼 독실히 공부하였다고 한다.

못하도록 장독에 '이삼만' 이라는 이름 석 자를 써서 붙여 두는 풍속이다. 이삼만의 부친은 뱀에 물려 죽었다고 하는데, 그 이후 이삼만은 뱀을 보는 즉시 잡아 죽였다고 한다. 이 때문에 뱀들이 '이삼만' 이라는 이름자만 봐도 도망간다는 속설이 생겨났던 것이다.

비빔밥에서 깨친 대동사상, '전봉준'

1894년 4월 27일, 전봉준이 이끄는 동학농민군은 전주성을 점령했다. 그리고 5월 7일, 이른바 '전주화약(全州和約)'이 체결되고, 전라도 각 지방에는 폐정개혁을 위한 '집강소(執綱所)'라는 행정기구가 들어섰다. 1894년 갑오년 정월, 고부에서 봉기한 이후 전봉준과 동학농민군에게는 그야말로 꿀맛 같은 시기가 찾아든다. 계절 역시 바야흐로 봄날이었다.

전주에는 집강소의 총본부인 대도소(大都所)가 들어서고, 전봉준은 금구와 원평 등을 근거지로 전라우도를 호령했다. 구전으로 전해지는 바에 의하면, 전봉준은 이 무렵 남문 밖 시장에 들러 국밥이며 비빔밥을 즐겨 먹었다고 한다. 짧은 판소리 〈녹두장군 비빔밥전〉은 그때의 일화를 재구성했는데, 왕기석 명창 등에 의해 여러 차례 공연되기도 했다.

> 동쪽으로 봄이 와서 천지가 푸르거니
> 동방엘랑 애호박을 살짝 데쳐 얹어놓고
> 서산 너머 해가 진 뒤 흰 빛이 비치나니
> 서쪽으론 도라지나물 하얗게 치장허고
> 남녘 세상 여시느라 붉은 피 흘렸으니
> 남방이사 붉은 뿌리 당근채로 기리옵고
> 한양 땅 구중궁궐 대소 신하 음흉허니
> 북쪽엘랑 검은 나물 고사리를 올립지요.
> 보리밥과 거섭 나물 서로 잘나 섞이잖거든
> 황토 찬지름 뿌려대고 쓱싹 비벼 드사이다.
> 부디 빌고 비나이다 장군님 전 비나이다.

동학 꿈 대동 세상 비빔밥맹키 이루소서.
—이병천, 사설 중 일부

남문 밖 주막집의 주모가 비빔밥을 만들면서 녹두장군에게 기원했다는 내용
이다. 이렇듯 녹두장군 전봉준도 전주한옥마을과 인연을 맺었다. 그는 결국 옛
부하의 밀고로 사로잡혀 전라감영으로 압송되고, 이어 한양으로 끌려가 참수형
을 당하고 말았다.

안도현 시인은 당시의 안타까운 상황을 이렇게 묘사했다.

그대 떠나기 전에 우리는
목쉰 그대의 칼집도 찾아주지 못하고
조선 호랑이처럼 모여 울어 주지도 못하였네.
그보다도 더운 국밥 한 그릇 말아주지 못하였네.
—안도현, 「서울로 가는 전봉준」 중에서

묶인 몸으로 전라감영을 떠나면서 녹두장군은 남문 밖 국밥집이며 비빔밥집
을 돌아볼 여유가 있었을까? 그리고 그에게 비빔밥을 만들어 대접하면서 평등
한 세상을 이루게 해달라고 간구했던 전주한옥마을 주모가 흘리는 눈물을 보았
을까? 전주부성의 길 위로는 오늘도 녹두장군 전봉준이 이인교(二人轎)에 앉아
매서운 눈길로 돌아보며 한양성으로 압송당하는 모습이 어른거린다.

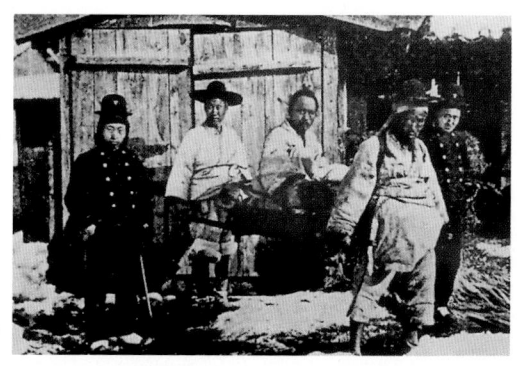

한양으로 압송되는 전봉준 장군

전주한옥마을에 선비정신을 심은
'간재(艮齋) 전우(田愚)'와 그의 제자 '삼재'

정신이 없이 마을에 어찌 기와집만 서있을 수 있을까? 전주한옥마을은 핏빛 선비정신이 오롯이 깃들어 있는 곳이다.

근대 한학의 거두였던 대학자 간재(艮齋) 전우(田愚, 1841~1922) 선생은 전주한옥마을에서 태어났다. 그러나 1905년 을사늑약이 체결되자 '척참오적(斥斬五賊)'이라는 상소를 올리고 난 뒤 망명을 결심하고 서해 계화도로 들어가 버렸다. 선생의 나이 예순다섯의 일이었다. 그 곳에서 그는 세상을 돌아보지 않고 오로지 학문에만 전념했는데, 전국 각지에서 몰려든 제자들이 무려 3000여 명에 이르렀다고 한다. 그 제자 중 대표적인 세 사람의 선비가 전주한옥마을과 인연을 맺었으니, 금재(欽齋) 최병심(崔秉心), 고재(顧齋) 이병은(李炳殷), 유재(裕齋) 송기면(宋基冕) 등 세 선비가 바로 삼재다. 스승 간재는 그 제자들의 학문에 대해 조선에서도 따를 자가 몇 안 된다고 칭찬했다고 한다.

금재(1874~1957)는 한옥마을에서 나고 자란 토박이였다. 한벽당을 세운 월당 최담이 그의 선조. 고재(1877~1960)는 완주 구이에서 출생하여 학문을 익힌 후에는 전주한옥마을로 이주했다. 유재(1882~1956)는 김제 백산에서 태어나 간재 문하에서 학문을 익힌 뒤 다시 고향으로 돌아갔다.

금재 최병심이 전주한옥마을에 돌아와 열었던 '염수당(念修堂)'에는 수많은 선비들이 모여들었다. 그 곳에서 금재가 길러 낸 제자만 해도 1000여 명에 이르렀다고 한다. 그는 독립군에 자금을 대기도 하고, 일제의 토지 수용령에 맞서 싸우기도 했다.

고재 이병은은 일제 강점기 때 유학과 유림에 대한 탄압이 강해지면서 문묘제반사가 소홀히 되어가는 것을 안타깝게 여기고는 전주향교를 지키기 위해 전주한옥마을로 이주했다. 그 역시 향교 뒷자락에 '남안재(南安齋)'를 열고 수많은 선비들을 가르쳤다. 현재 전주향교에 소장돼 있는 1만여 목판본과 성현들의 위패, 제기 등이 그대로 간직될 수 있었던 것은 고재의 정성과 노력 때문에 가능한 일이다.

유재 송기면은 고향인 김제 백산으로 돌아가 '요교정사(蓼橋精舍)'를 짓고 후진 양성에

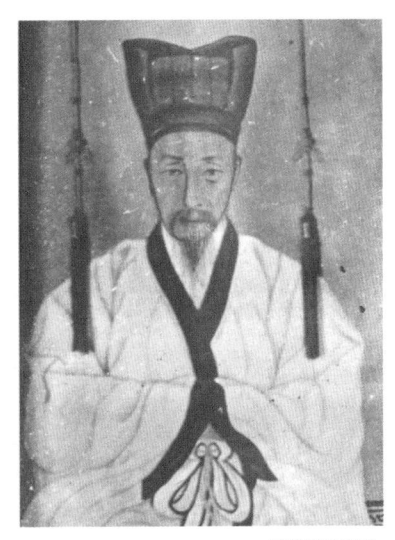

간재 전우 존영

전념했다. 그렇지만 친분이 두터운 전주한옥마을의 금재 · 고재와 깊이 교류했는데, 특히 그의 아들이며 유학자이고 서예가로 크게 이름을 떨친 강암(剛菴) 송성용(宋成鏞)이 전주한옥마을에 와서 살면서 새로운 인연이 시작되었다. 아들인 강암을 한옥마을 고재 이병은의 남안재에 보내 학문을 익히도록 주선했으며, 또 고재와 직접 사돈을 맺기도 했다. 즉, 강암의 아내는 고재의 셋째 딸이었다. 물론 그 인연이 그것으로 다 끝난 것은 아니다. 강암의 장남 송하철이 전주시장을 역임했고, 누구보다 강한 열정으로 전주한옥마을을 하나하나 완성시켜 가고 있는 현 전주시장(2006년~현재) 송하진은 그의 넷째 아들로, 형제가 모두 전주시장에 부임하는 진기록을 세워 놓고 있다.

일본 상인들이 남문 서쪽 일대를 장악할 당시 뜻있는 선비와 주민들이 남문의 동쪽 지역으로 이주하면서 전주한옥마을이 새롭게 번성했다고 앞서 말했는데, 그들이 바로 삼재를 비롯한 그 제자들이다. 그러니 오늘날의 한옥마을은 그 삼재가 일구었다고 해도 과언이 아니다.

강암은 역사다, '강암 송성용'

강암을 언급할 때 빼놓을 수 없는 선언 하나가 있다. "강암은 역사다." 이 여섯 글자의 선언은 1995년 6월, 동아일보사가 마련한 강암 특별전의 슬로건이다.

강암은 1999년 작고할 때까지 전주한옥마을 전주천 변의 '아석재(我石齋)'에서 흰 한복에 상투를 틀고 망건을 쓴 채 꼿꼿한 자세로 글을 읽고 글씨를 쓴 유학자이자 서예가이다. '아석재'라는 당호는 주자(朱子)의 시에서 땄다고 한다.

일일모동성(一日茅棟成)　　　어느 날 띠집 한 채 지어놓고 보니
거연아천석(居然我泉石)　　　내가 살 곳은 전처럼 돌우물이 있는 그런 곳
　　　　　　　　　　　　　　　　　– 주자, 「무이구곡가(武夷九曲歌)」 일부

어쨌거나 그 선비정신이야말로 강암 송성용이 '역사'가 될 수 있었던 첫 번째 이유다. 강암의 서체를 이르는 '강암체(剛菴體)' 역시 역사가 된다. 그의 서체

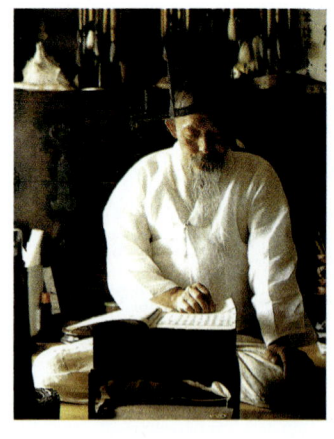

는 앞서 언급한 부친 유재 송기면으로부터 비롯됐다고 하는데, 그가 평생 상투를 고집한 것도 일제의 단발령을 거부한 부친의 뜻에 따른 것이라고 한다. 그게 또한 삼재로부터 시작된 강암의 역사이기도 하다. 어떻게 역사가 될 수 있었는지 강암 일가에 전해지는 일화 한 토막을 살펴보자.

1954년 무렵, 강암이 남원에서 전시회를 가진 적이 있었는데, 그의 친구들이 장난삼아 상투를 잘라버렸다고 한다. 그 모습을 대한 부인이 밤새

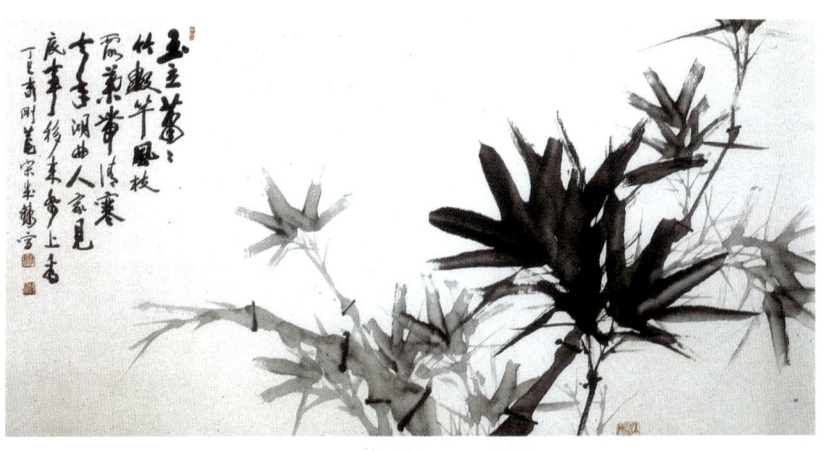

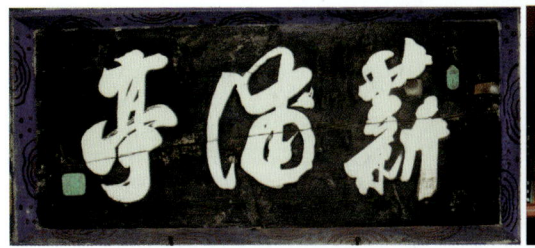

임실군 오수면에 있는 '신포정' 현판. 창암 선생의 서체이다.

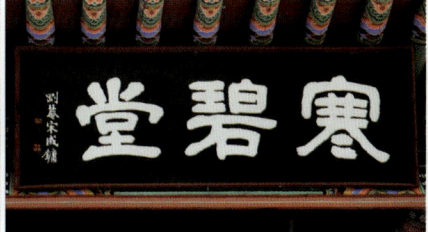

강암 선생의 서체를 볼 수 있는 '한벽당' 편액

대성통곡을 하며 그를 방 안에 들이지 않았다. 부인은 앞서 언급한 고재 이병은의 딸이다. 강암은 6개월 동안 바깥 출입을 하지 않았고, 다시 머리를 기르고 상투를 튼 다음에야 비로소 안방에 들 수 있었다고 한다. 강암의 상투는 곧 그 부인의 눈물이라는 말이 그렇게 해서 생겨났다. 이는 강암 송성용만의 선비정신이 아닌, 전주한옥마을 전체의 선비정신이기도 했다.

강암은 전서·예서·해서·행서·초서 등 '오체(五體)'와 매·란·국·죽 '사군자'를 폭넓게 연구한 서도인이었다. 전통적 서법을 현대적 차원으로 승화시키는 데 새로운 경지를 이룩한 것으로 정평이 나기도 했다. 전주 사람들은 지금도 전주 선비의 표상으로 강암을 기억하곤 한다. 작고한 뒤에도 강암은 역사로 남아 있다.

가람 '이병기'

　　뛰어난 시조시인이며 국문학자인 가람 이병기(1891~1968)는 전주한옥마을과 인연이 깊다. 그는 원래 익산 출신이었지만 1951년부터 6년 동안 전주한옥마을 오목대 아래 양사재(養士齋)에서 기거했다.

　　한국전쟁이 발발하자 트럭에 고서적들을 가득 싣고 고향인 익산 여산으로 피난했던 가람은 전시연합대학과 명륜대학 교수, 원광대학교 강사를 거쳐 1952년 새로 건립된 전북대학교 문리대학장에 취임한 뒤, 그 곳에서 정년퇴직을 했다. 바로 그 기간을 전주한옥마을에서 지낸 것이다.

> 뒤에 오목대를 나는 매양 오른다
> 허술한 주역각(駐驛閣)은 외로이 서 있으며
> 즐비한 몇만 가옥이 내려다 다 보인다.
> 그 옆의 자만동은 목조의 고적지요
> 그 뒤의 발산(鉢山)은 이르노니 발이산(鉢李山)
> 과연 그 오백 년 왕기가 여기 결인(結囚)하였던가.
> 　　　　　　　　 － 이병기, 「오목대」 전문

　　양사재는 원래 전주향교의 부속 건물로, 서당 공부를 마친 재능 있는 유생들이 모여 향시(鄕試)를 준비하던 곳이다. 명륜대학의 강의실은 향교 일대의 건물들이었는데, '명륜대학'이라는 명칭도 전주향교의 '명륜당(明倫堂)'에서 따온 것이다. 가람이 양사재에 기거한 것도 가까이에 명륜대학이 있었기 때문이다.

「혼불」의 작가 '최명희'

　지금은 애석하게도 그 동네 이름이 없어졌지만, 내가 태어난 곳은 전라북도 전주시의 화원동(花園洞)이다. 아마 동문사거리 근처 어디쯤이었을 이 집에서 나는 대여섯 살 때까지 살았는데, 거기서부터 내 이승의 생이 비로소 시작되었다. (중략) 아늑하고 화사했던 풍남동 은행나무 골목의 유년 시절과 잠깐 살다 옮긴 전동 집에서의 짧은 기억, 그리고 오래 오래 사무쳐 지금도 꿈속에 선연히 나타나는 완산동 냇물가 벽오동나무 무성한 잎사귀 푸르게 일렁이며 나부끼던 집…….

　「기억은 저마다 한 채씩의 집을 짓는다」는 제목으로 최명희(1947~1998)가 쓴 수필 한 대목이다. 한옥마을 일대에서 살던 시절의 편안하고 아늑하던 삶이 작가를 어떻게 성장시켰을지를 짐작하게 하는 구절이기도 하다. 최명희가 말한 생가 터는 전주한옥마을 내 작가의 이름을 그대로 따서 '최명희길'로 명명되어 있다.

　작가 최명희는 1972년 전북대학교 국어국문학과를 졸업하던 그해부터 10년 동안 모교인 전주기전여고와 서울 보성여고 국어교사를 역임했다. 1980년 중앙일보 신춘문예에 단편 「쓰러지는 빛」이 당선돼 등단한 그는 이듬해 《동아일보》 창간 60주년 기념 장편소설 공모전 당선작 「혼불」 제1부로 문단의 주목을 받기 시작했다. 「혼불」은 아름다운 모국어로 우리 전통문화와 민속·풍습 등을 폭넓고 치밀하게 복원했으며, 우리 한국인의 역사와 정서를 생생하게 묘사함으로써 한국문학의 수준을 한차원 높였다는 평가를 받은 작품이다.

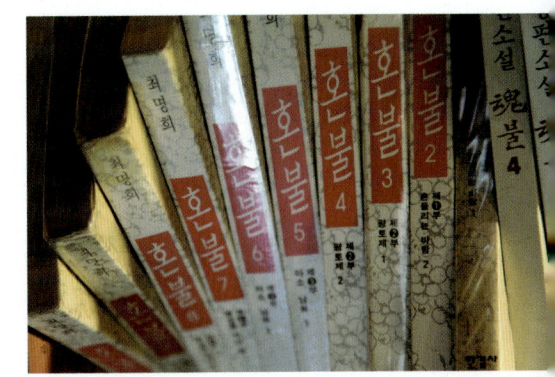

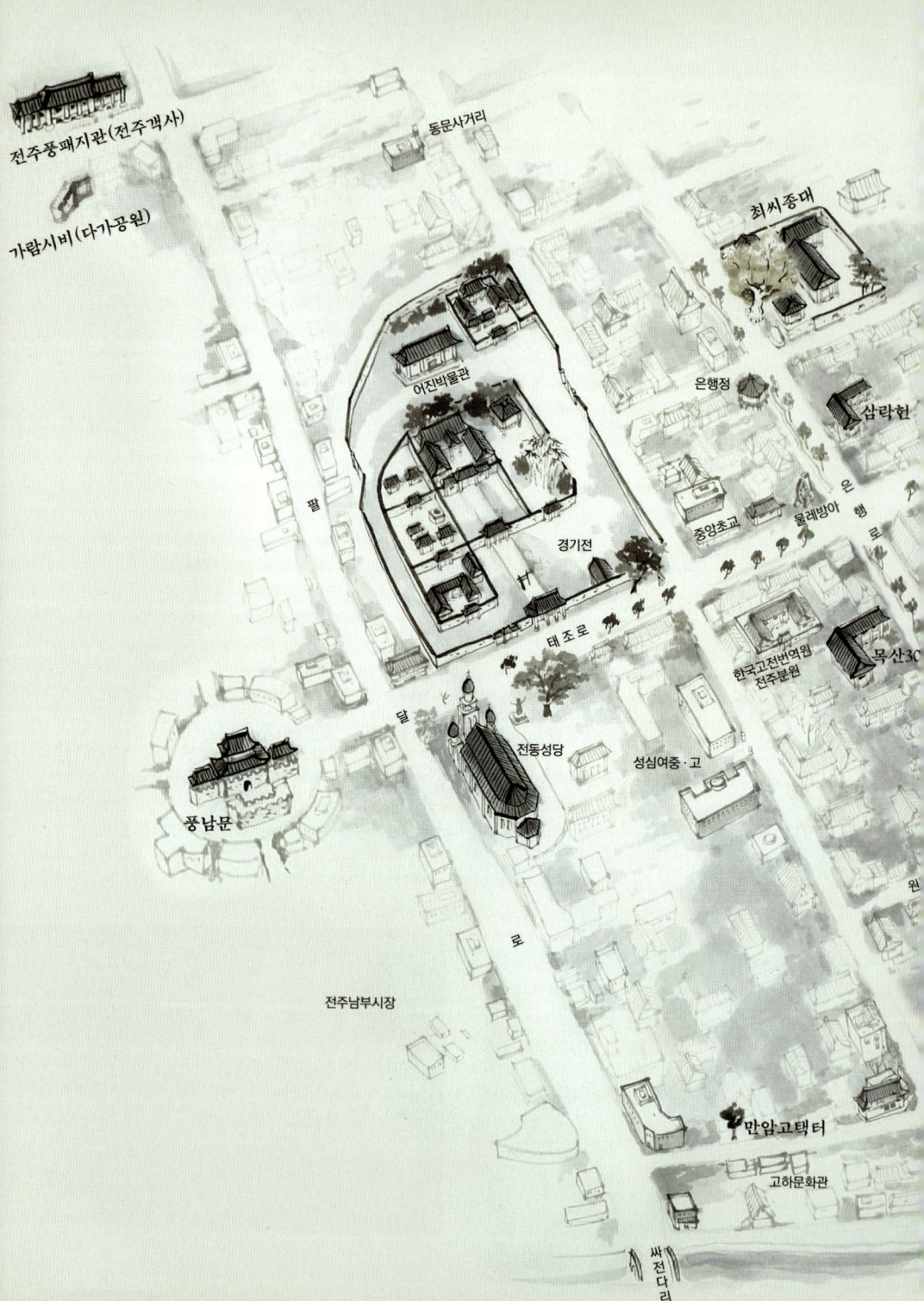

전주풍패지관(전주객사)

가람시비(다가공원)

동문사거리

최씨종대

어진박물관

은행정

삼락헌

중앙초교

물레방아

경기전

태조로

한국고전번역원 전주분원

목산30

전동성당

성심여중·고

풍남문

전주남부시장

만암고택터

고하문화관

싸전다리

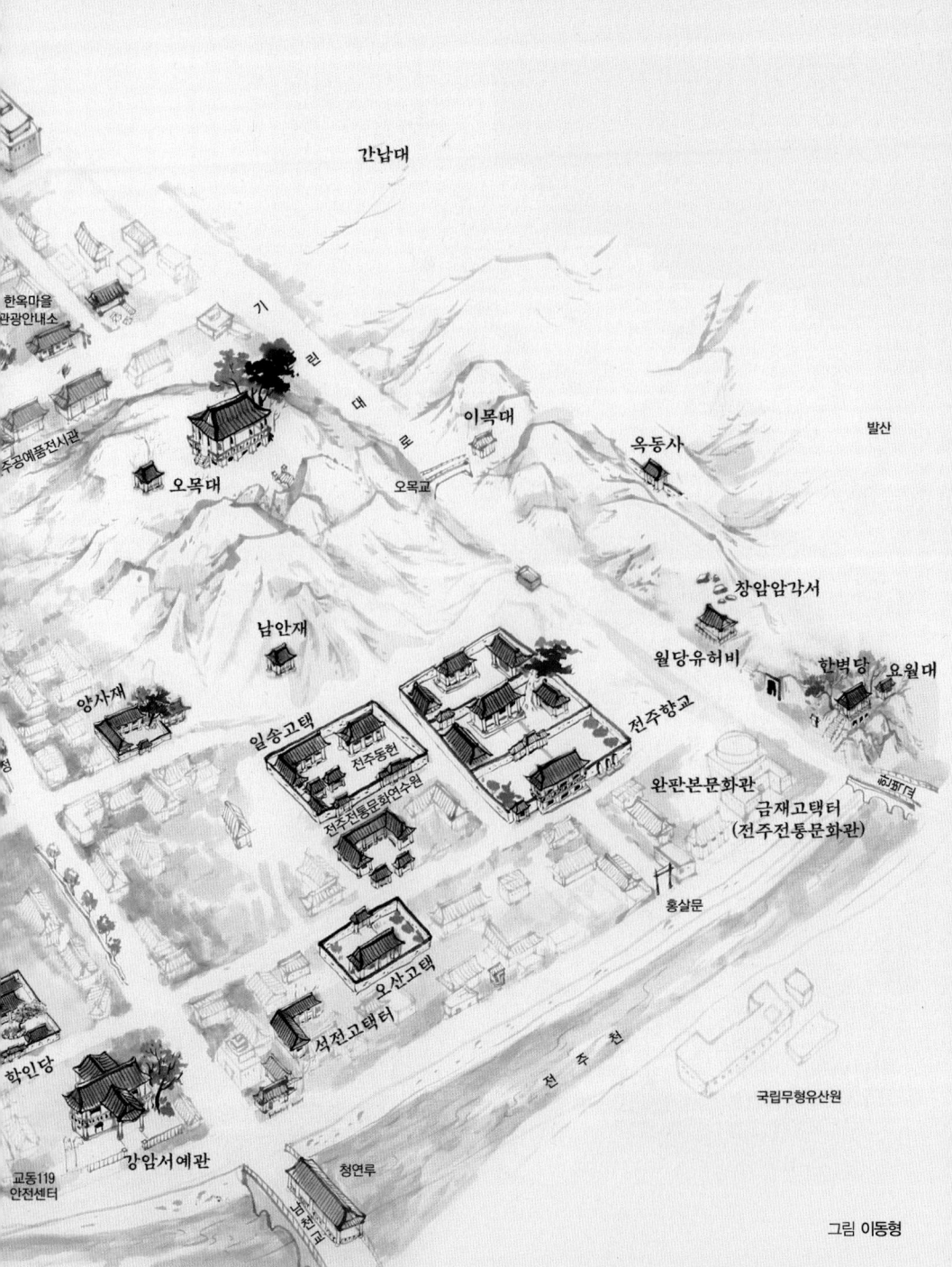

간납대

한옥마을
관광안내소

기린대로

주공예품전시관

오목대

이목대

옥동사

발산

오목교

창암암각서

남안재

월당유허비

양사재

한벽당

요월대

일송고택

전주동헌

전주향교

전주전통문화연수원

완판본문화관

금재고택터
(전주전통문화관)

청경사

홍살문

오산고택

석전고택터

학인당

전 주 천

국립무형유산원

교동119
안전센터

강암서예관

청연루

남천교

그림 이동형

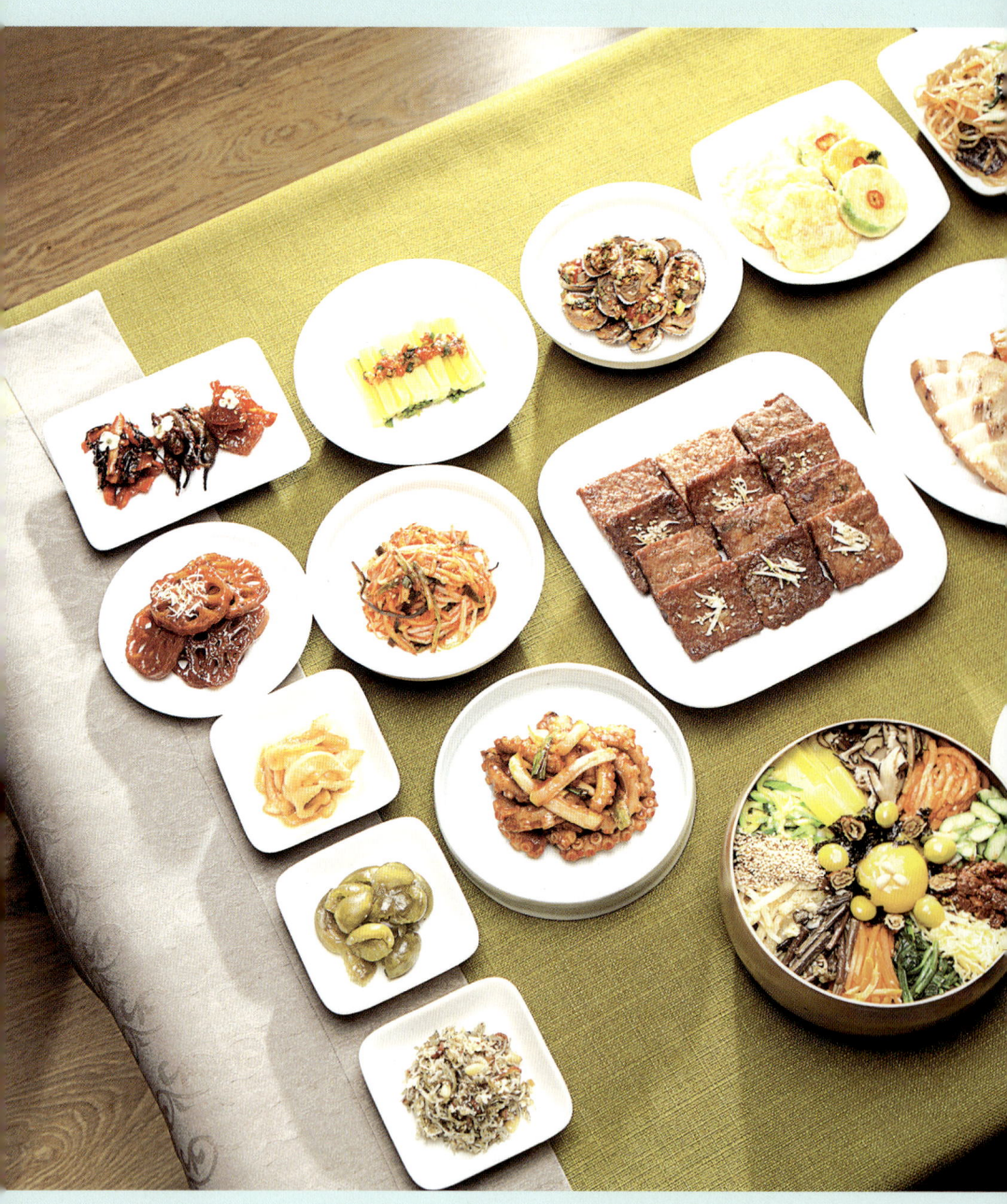

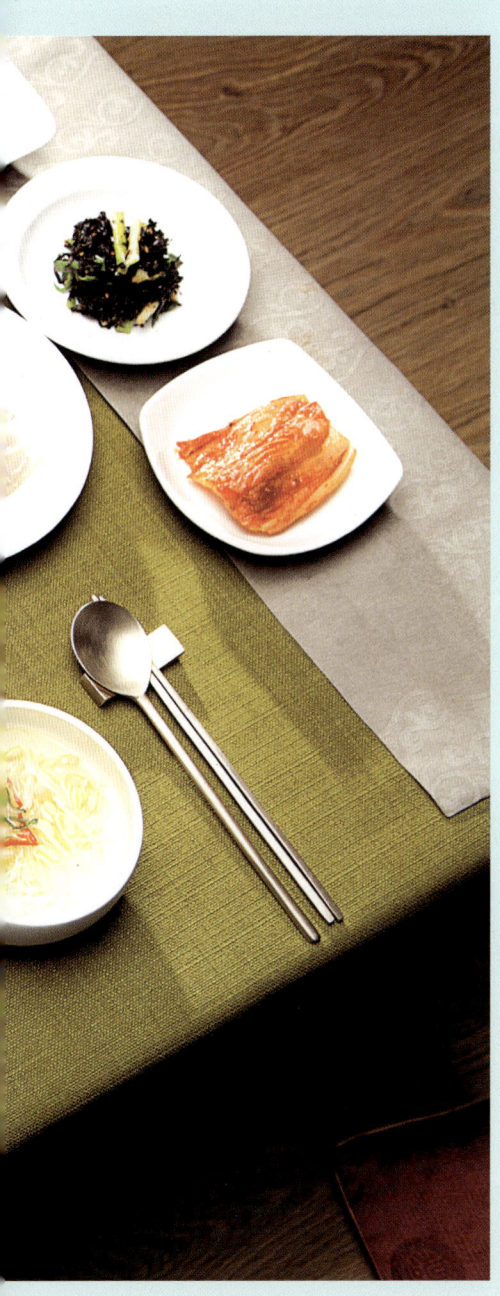

전주한옥마을과
전주음식

전주비빔밥

전주비빔밥은 평양냉면, 개성탕반과 함께 조선 3대 음식 중 으뜸으로 꼽힌다. 현재 우리나라의 대표 음식으로 외국인들이 가장 선호하는 음식이다. 전주 10미(十味) 중 하나인 콩나물로 지은 밥에 오색(五色) 오미(五味)의 30여 가지 지단·은행·잣·밤·호두 등과 계절마다 다른 신선한 야채를 넣어 만든다. 항공기 기내식으로도 인기가 높고 우주식품으로 선보이기도 했는데, 최근에는 즉석음식으로도 개발됐다.

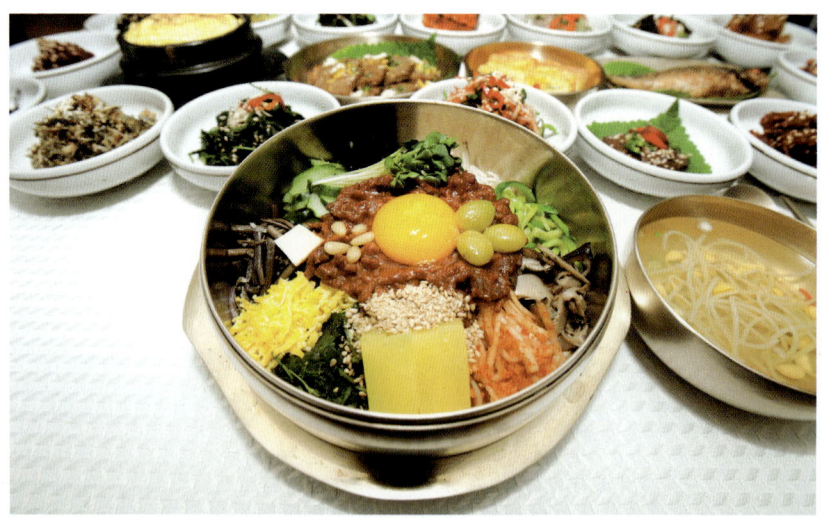

콩나물국밥

　전주음식의 기본은 '콩나물'이라고 해도 과언이 아니다. 우리나라 콩나물 가운데 전주 콩나물을 으뜸으로 친다. 기후와 수질이 콩나물 재배에 안성맞춤인 데다 일명 '쥐눈이콩'으로 불리는 전주 인근의 서목태(鼠目太)로 기른 콩나물이 질기지 않고 연하며 숙취 해소에 뛰어나기 때문이다. 콩나물국밥에는 뚝배기에 밥과 콩나물을 넣고 갖은 양념을 곁들여 펄펄 끓여 내는 전통적인 국밥과 끓이는 대신 뜨거운 육수에 밥을 말아내는 일명 '남부시장식 국밥'이 있다. 전주에서는 이 두 종류의 국밥이 애주가들로부터 많은 사랑을 받고 있다.

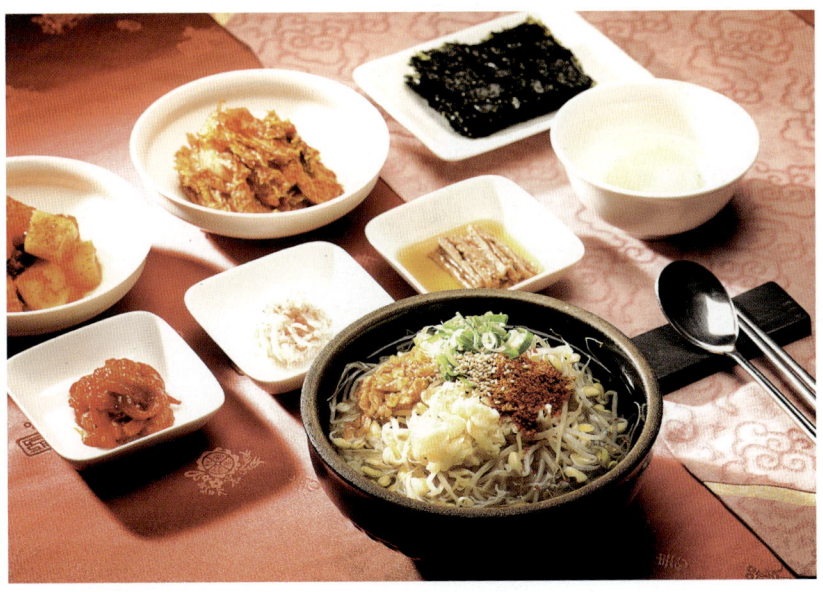

오모가리탕

'오모가리'는 뚝배기의 전라도 사투리다. 그릇이 오목하게 생겼다고 해서 붙여진 이름이다. 오모가리탕은 민물고기 매운탕을 말하는데, 예로부터 한벽당 아래 남천 천변에 많은 업소가 성업하고 있다. 이런 의미에서 보면 진정한 전주한옥마을의 음식이라고 할 수 있다. 전주천에서 잡아 올린 쏘가리를 비롯한 메기·바가사리·모래무지·피리·붕어 등을 주재료로 하면서 무청을 말린 시래기와 온갖 양념을 넣고 팔팔 끓인 음식이다.

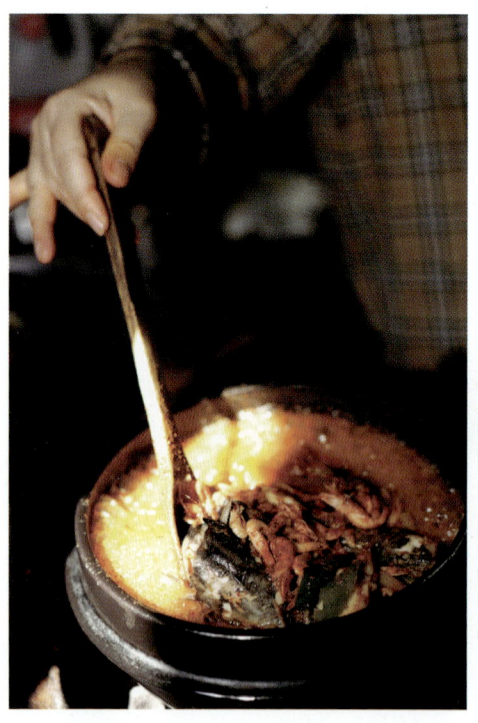

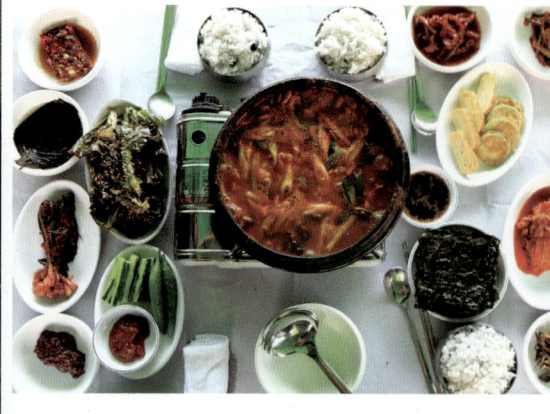

한정식과 백반

'백반(白飯)' 이란 원래 흰밥에 국과 반찬을 곁들인 식사다. 예로부터 전주백반은 한정식에 가깝다고 할 정도로 반찬 가짓수가 많기로 유명하다. 전주 여행의 백미는 '행복한 맛기행' 이라고 하는 의미가 바로 이 전주백반 때문이기도 하다. 지금도 전주백반집에서는 두세 가지의 탕과 찌개를 기본으로 생선이며 고기, 나물 등 푸짐한 상차림을 낸다. 밥상에 올릴 반찬은 적어도 그래야만 한다는 인식이 전주 사람들에게는 아주 보편화되어 있다.

전주음식은 옛 부성 안의 음식과 밖의 음식으로 구분할 수 있는데, 밖의 음식이 국밥이나 비빔밥이었다면 안의 음식이 곧 백반이었다. 부성 안에 기거하면서 비교적 여유 있는 계층의 사람들이 먹던 일상적인 음식이었기 때문이다.

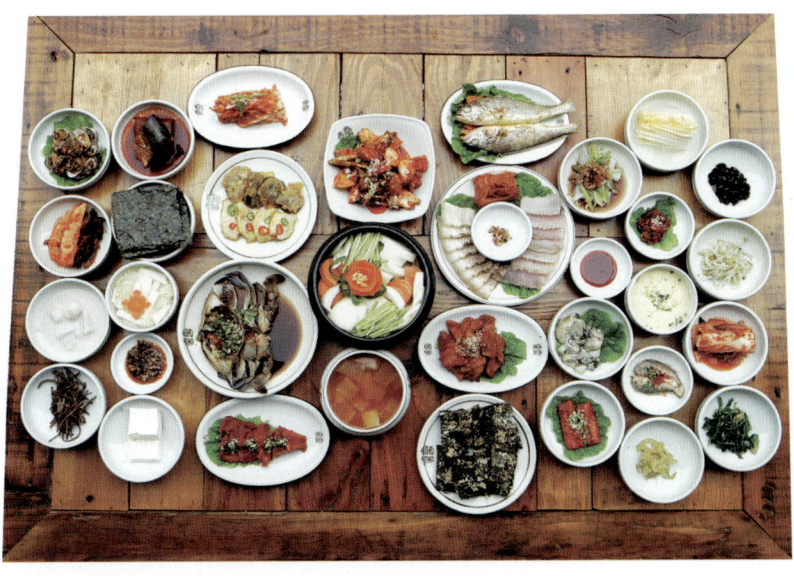

전주 막걸리

전주 막걸리는 우리나라 3대 막걸리 가운데 하나다. 한때 '농주(農酒)'라고 불렸던 데서도 알 수 있는 것처럼 막걸리는 그야말로 농부들이 즐겨 마셨던 술이었기 때문에 아무래도 '농도(農道) 전북(全北)'과는 뗄래야 뗄 수 없는 술이기도 했다.

술이면서도 취기가 심하지 않고, 밥을 대신할 만큼 허기를 달래주며, 여럿이 마시면 마음의 응어리를 풀어준다는 막걸리의 미덕은 우리 한국인의 심성과도 닮은 것으로 정평이 나 있다. 특히 적당히 마시기만 하면 오히려 건강에 좋은 것으로 알려지면서 막걸리는 우리 한국인뿐만 아니라 외국인들도 즐겨 찾는 술이 되었다.

전주 막걸리의 유명세는 곁들여 나오는 안주 덕도 있다. 전주 막걸리는 안주를 따로 주문할 필요가 없다. 막걸리에 딸려 나오는 안주는 백반집에서나 구경할 수 있을 정도로 푸짐하다. 전주 사람들의 넉넉한 인심을 엿볼 수 있다.

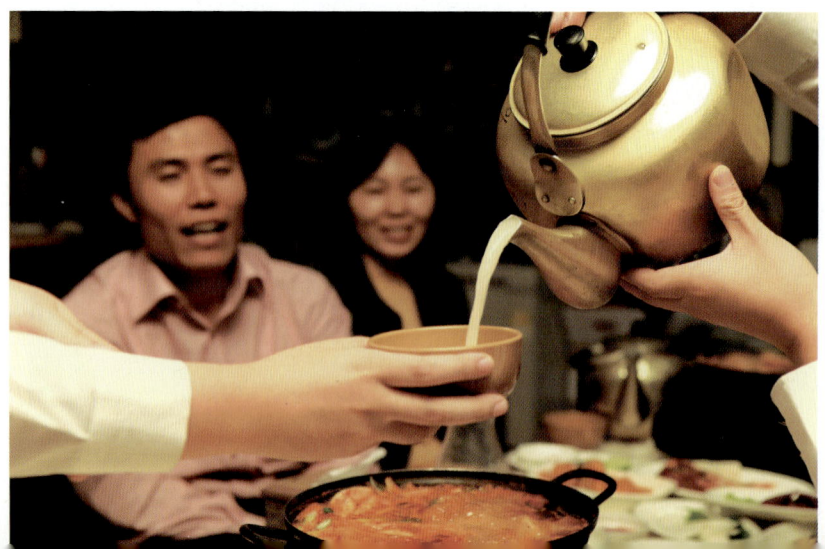

전주 이강주(梨薑酒)

이강주는 전주 지역에서 생산되는 전통 민속주로, 조선 중엽부터 전라도와 황해도에서 제조되었으며, 우리나라 5대 명주의 하나로 손꼽혀 왔다.

이 술의 제조 방법과 맛에 대해서는 『임원 16지』, 『동국세시기』, 『한국의 명주』 등에 잘 나타나 있는데, 누룩과 백미로 청주를 만든 후 이 술로 소주를 내려 여기에 배 · 생강 · 울금 · 계피 · 꿀 등을 넣고 장기간 숙성시켜 만든다. 생강과 계피는 건위에 효과가 있고, 배는 술 마신 후의 갈증을 없애주고 청량한 맛을 주며, 울금나무의 뿌리는 몸의 기능을 조절해 주는 역할을 하여 술이 취하면 혈압이 높아지고 신경이 날카로워지는 등의 후유증을 보완해 준다. 보통의 술은 취하면 정신도 같이 취하는데, 이강주는 울금의 약효 덕분에 취해도 정신이 맑아지는 장점이 있다.

왕실의 진상품이었던 울금이 전주 지방에서 재배된 것도 이강주가 전주에서 빚어질 수 있었던 이유 중의 하나로 보고 있다. 전주 이강주는 전라북도 무형문화재 제6-2호로 지정되었다.

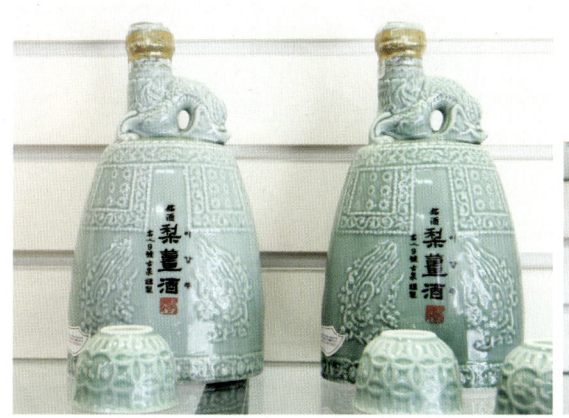
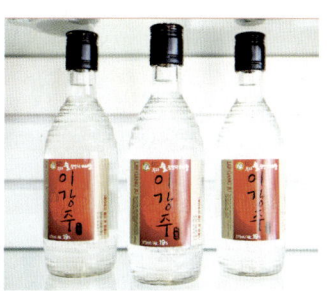

전주만의 5대 음식

다른 지역에는 없는 전주만의 독특한 음식들이 있다. '황포묵', '물짜장', '모주(母酒)', 가게 맥주를 뜻하는 '가맥' 과 각종 튀김을 상추에 싸먹는 '상추 튀김' 이다. 이들 음식은 전주가 개발한 독특한 음식이다.

물짜장은 TV 예능 프로그램에 소개되면서 큰 관심을 받기도 했다. 물짜장은 우선 보통의 짜장면처럼 검지 않고 옅은 고추장 색깔을 띠고 있다. 그 걸쭉한 국물이 일품이어서 짜장면과 짬뽕을 대체하는, 혹은 그 이상의 선호도를 자랑하는 전주 지역에서 처음 선을 보인 음식이다.

청포묵은 도토리묵과는 달리 녹두로 쑨 묵이다. 전주에서 처음 개발한 음식이라는 증거는 없지만 녹두장군 전봉준과 관련된 민요 '새야 새야 파랑새야' 를 염두에 두면 금세 수긍할 수 있게 된다. "새야 새야 파랑새야 녹두밭에 앉지 마라. 녹두꽃이 떨어지면 청포장수 울고 간다."

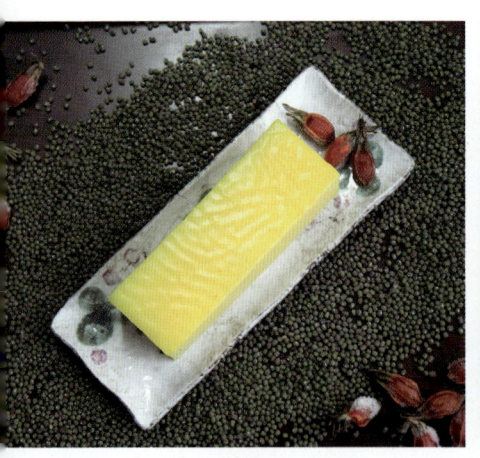

청포묵에 치자로 색을 낸 황포묵

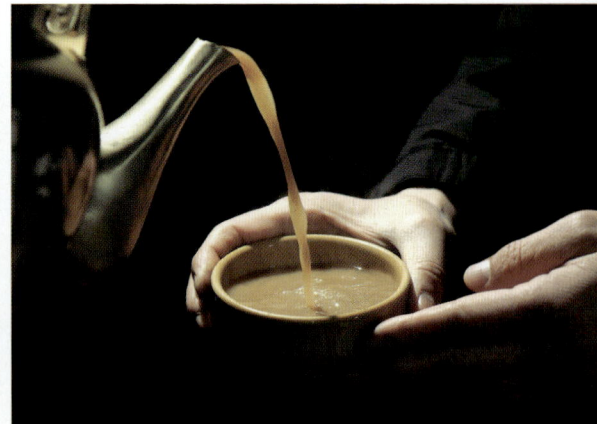

모 주

전주의 가맥은 단순히 맥주만을 판매하는 게 아니라 안주를 같이 곁들여 판매하는 독특한 방식으로 유명해졌다. 안주는 말려서 두드린 황태와 서해안에서만 잡히는 갑오징어로, 곁들이는 양념간장은 가히 일품이다.

모주는 그야말로 어머니가 따라주는 술의 의미로, 대부분 숙취를 해소하기 위한 목적으로 마시기 때문이다. 모주는 막걸리에 생강 · 대추 · 감초 등 대여섯 가지의 재료를 넣고 팔팔 끓여서 만든다. 이때 알코올 성분은 거의 사라지는데, 과음한 뒤 속 푸는 데 탁월한 효과가 있다. 모주는 전주의 어머니들이 자식을 위해 만들어 마시게 했던 술 아닌 술로, 콩나물국밥과 더불어 애주가들에게 사랑받는 음식이기도 하다.

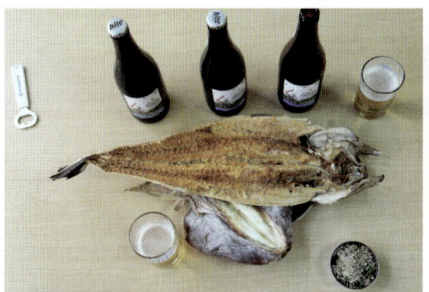
가 맥

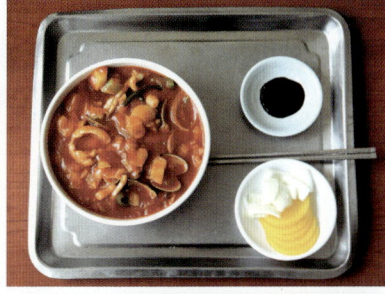
물짜장

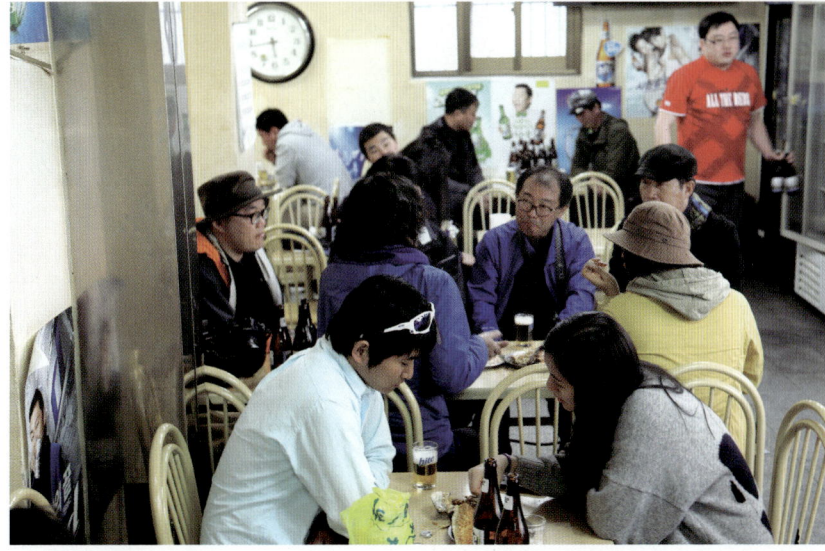
가맥집 풍경

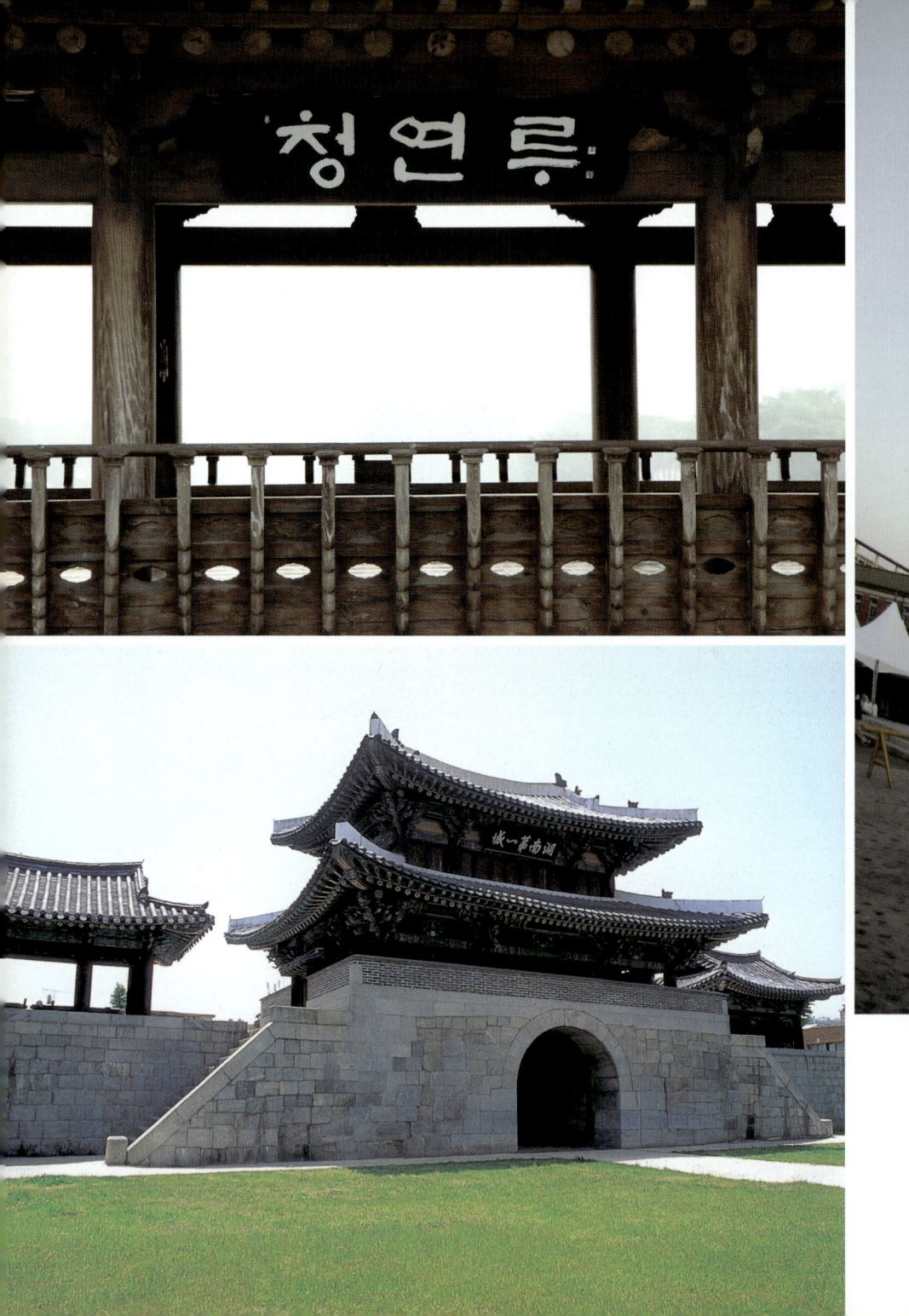

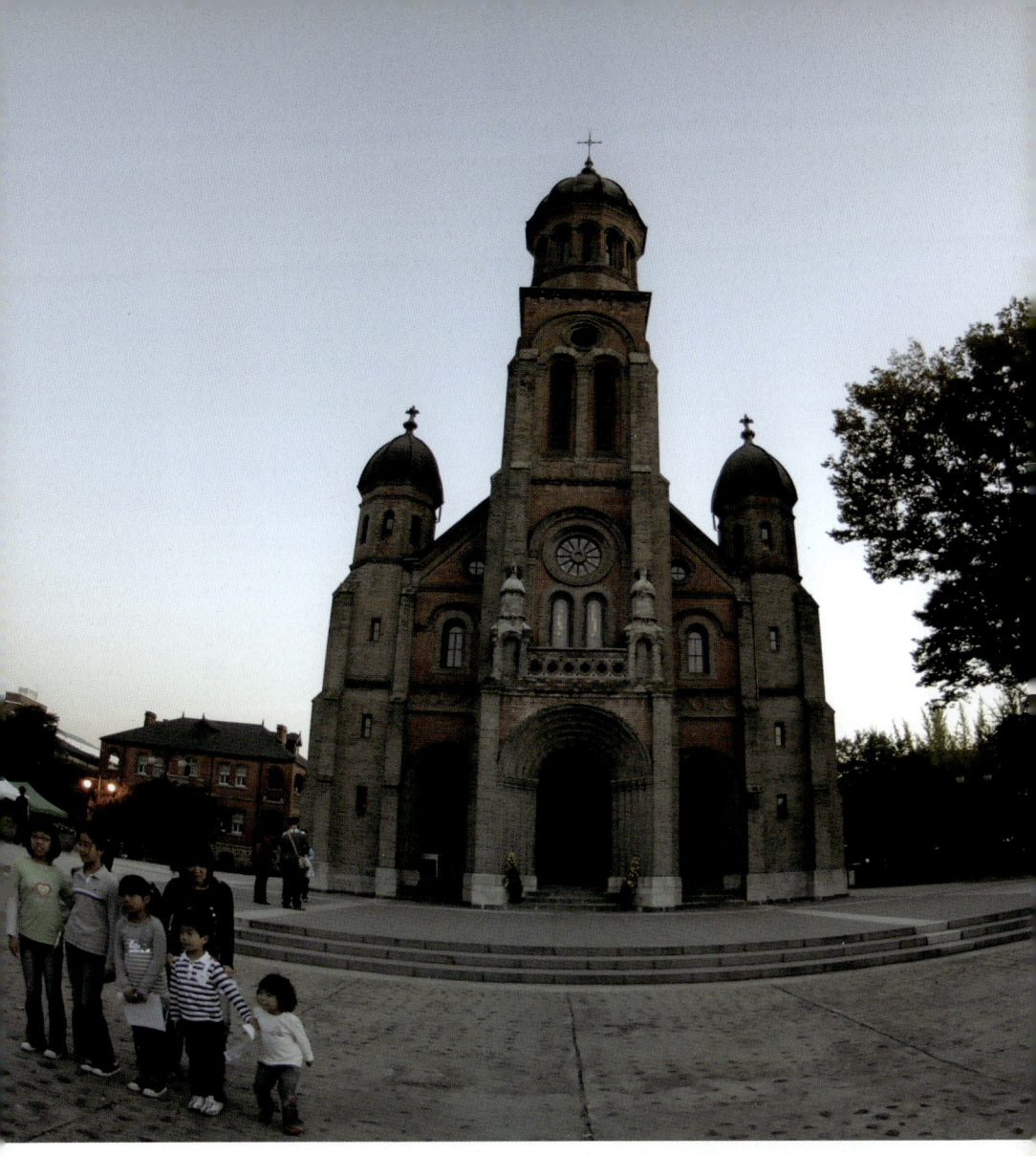

역사에 스민 문화,
문화에 잠긴 한옥

어진 박물관

　경기전 내에 있는 어진 박물관에는 2012년 국보 제317호로 지정된 태조 어진 뿐 아니라 영조 · 철종 · 고종 · 순종 어진 모사본과 세종과 정조 표준 영정을 모시고 있다. 또 어진 봉안 때 쓰였던 가마, 용선, 홍개 등의 의식구를 소장 · 전시하고 있다. 경기전 경관을 고려해 전시실이 주로 지하에 배치되어 있다.

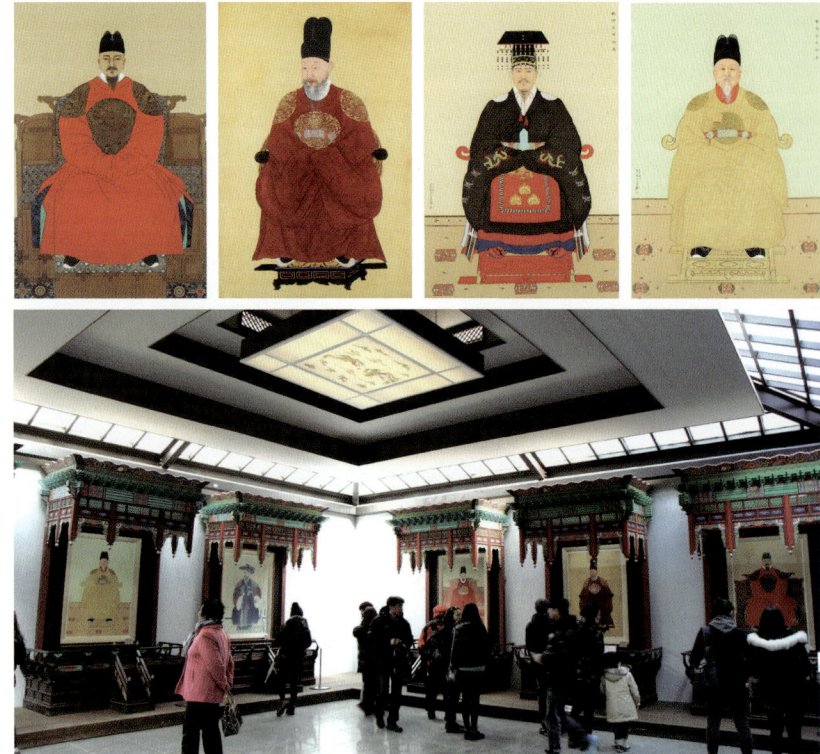

전통술 박물관

전주 전통술 박물관은 옛적 술을 담글 때 사용하던 용기들을 전시하면서 우리 전통술에 대한 연구를 하고 있다. 동동주를 비롯한 전통주들, 이를테면 '과하주(過夏酒)' 나 '호산춘(壺山春)' 같은 술빚기 강습이 있고, 해마다 가을이 되면 '국선생(麴先生)' 을 내세운 축제를 열기도 한다. 국선생은 누룩을 의인화한 것인데, 전통술 전시와 함께 열리는 시음회에는 그 향기에 이끌려 멀리서부터 수많은 이들이 찾아든다. 리베라호텔 뒤편, '술도가길' 에 있다. 이 도로 이름 역시 전주 전통술 박물관에서 기인한 것이다.

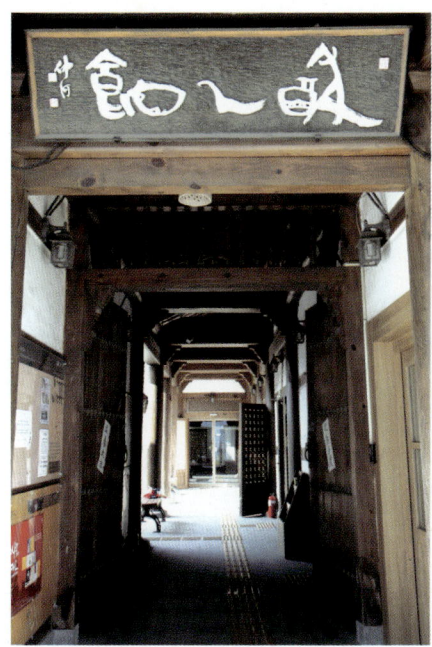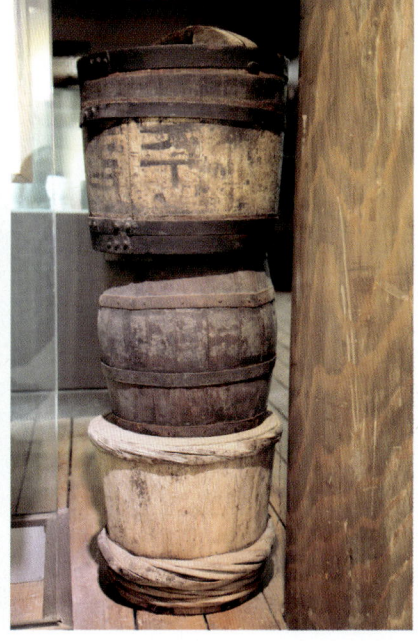

완판본 문화관

　전주한옥마을에는 완판본 문화관·소리 문화관·부채 문화관 등 3대 문화관을 포함해 전통문화관·공예명인관·공예품 전시관·전주 명품관·한방문화센터 등 많은 문화 공간이 있다.

　완판본 문화관은 옛적 전주가 다양한 서책의 출판 도시였음을 알리고 기념하기 위한 공간이다. 완판본(完版本)은 한양에서 출판된 경판본(京板本)에 비교되는 표현으로 완산, 곧 전주에서 출판된 서책을 말한다. 전주는 조선 시대 한양을 제외하면 전국에서 가장 많은 양의 서책을 찍어낸 도시다. 특히 한글 고대소설을 민간인들이 직접 인쇄하고 제작 판매했던 조선 후기에 이르러서는 인쇄문화의 정점을 이루었다고 해도 과언이 아니다. 그 이전 우리나라 최초의 한문소설로 기록된 김만중의 「구운몽」 역시 1803년에 전주에서 간행된 책이다. 완판본 목판 한글 고소설은 「춘향전」·「심청전」 등의 판소리계 소설과 영웅소설 등으로 모두 23종이 전해진다.

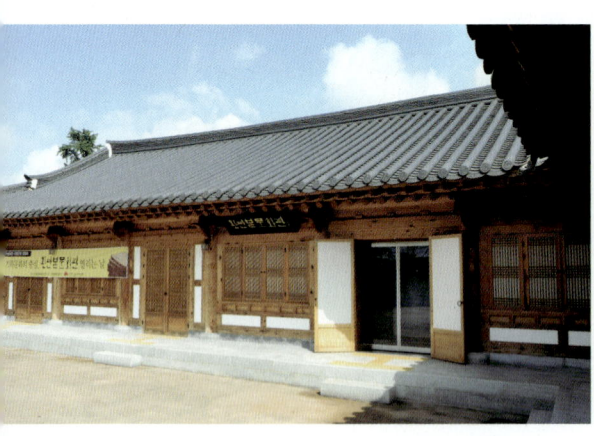
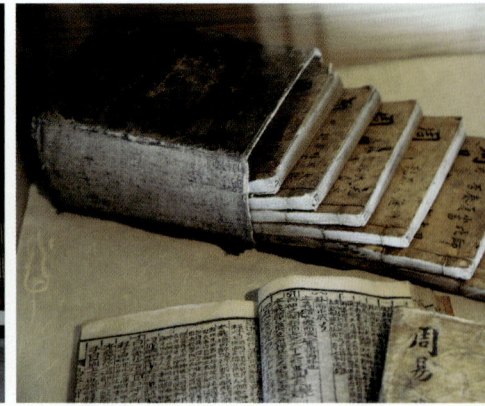

부채 문화관

부채 문화관은 조선 시대 왕실에 진상되던 전주 부채의 우수성과 예술성을 이어가기 위해 세워졌다. 진상된 전주 부채는 임금과 왕비도 직접 사용했을 뿐만 아니라 조정 대신들에게도 하사되어 조선 시대에는 누구나 갖고 싶어하던 탐나는 물건 가운데 하나였다. 이 때문에 전라감영에는 부채를 제작하고 관리하는 '선자청(扇子廳)'이라는 기관을 따로 두기도 했다.

막괴융동증선장(莫怪隆冬贈扇杖) 한겨울에 부채를 준다고 기이하다 생각 마라
이금년소기능지(爾今年少豈能知) 네 나이가 어리니 그 뜻을 어이 알까
상사반야흉생화(相思半夜胸生火) 잠 못 드는 밤 가슴에 정념이 일면
독승염야유월시(獨勝炎惹六月時) 유월 부채로도 식히기가 어려운 것을

　　　　　　　　　　　　　　　　　　　　　　　　　－ 백호 임제의 시

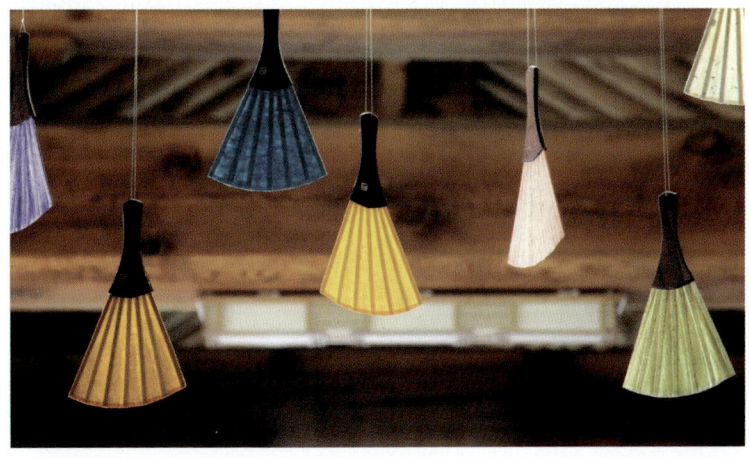

전주전통한지원

완판본이나 부채의 근간은 한지(韓紙)다. 한지야말로 진정한 전주문화의 뿌리 가운데 하나다. 전주에서 생산되던 한지는 조정에 진상될 정도로 그 우수성에서 정평이 나 있었으며, 생산량 또한 많았다. 그래서 전주에서 완판본이 태동할 수 도 있었고, 우수한 품질의 부채를 제작하는 일도 가능했던 것이다.

오늘날 전주한옥마을 일대에서 만날 수 있는 공예품 가운데는 이렇듯 우수한 한지를 재료로 한 제품들이 많다. 넥타이, 손수건, 양말, 지갑, 가방 등을 비롯해 심지어 수의(壽衣)까지도 한지로 만들고 있다. 전주한옥마을에는 전통한지원 등 한지를 테마로 한 공간이 있다.

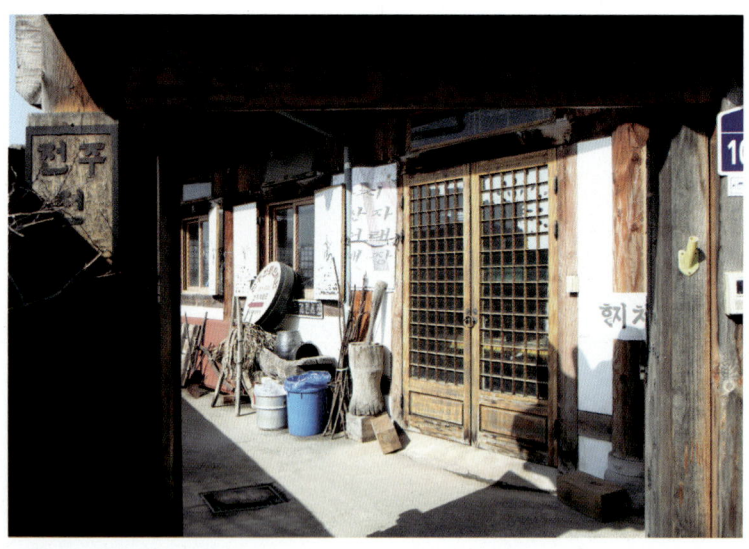

최명희 문학관 · 고하 문예관

최명희 문학관은 경기전 동쪽에 있다. 최명희 생가와도 인접한 곳으로, 한옥 마을 중심부이지만 고즈넉한 자리로 꼽힌다. 최명희의 문학 세계를 아낌없이 보여 주는 공간으로도 잘 꾸며졌지만, 편안하게 자리잡은 한옥 건물과 있는 듯 없는 듯 소박하고 고졸하게 멋을 부린 정원이 사람들의 발길을 끈다. 최명희 문학관은 우리나라 문학관 중 김유정문학관(춘천), 토지문학관(원주) 등과 더불어 연중 방문객이 가장 많이 몰리는 곳으로 알려져 있다.

고하 문예관은 전주 성심여고 남쪽에 있다. 전주시에서 고하(古河) 최승범(崔勝範, 1931~) 문예관을 만들어 기증했다. 고하는 전북대학교 국어국문학과 교수를 역임한 시조시인이자 수필가로, 「혼불」의 작가 최명희의 대학 스승이며, 신석정 시인의 제자 겸 사위이기도 하다. 고하 문예관은 문학전문지 《전북문학》의 산실로도 잘 알려져 있다. 《전북문학》은 고하 주축으로 1969년 7월에 창간했는데, 최근 제261호를 펴냈다. 《전북문학》은 전국 최장수 문예지로 기록을 세우며 계속해서 이어가고 있다.

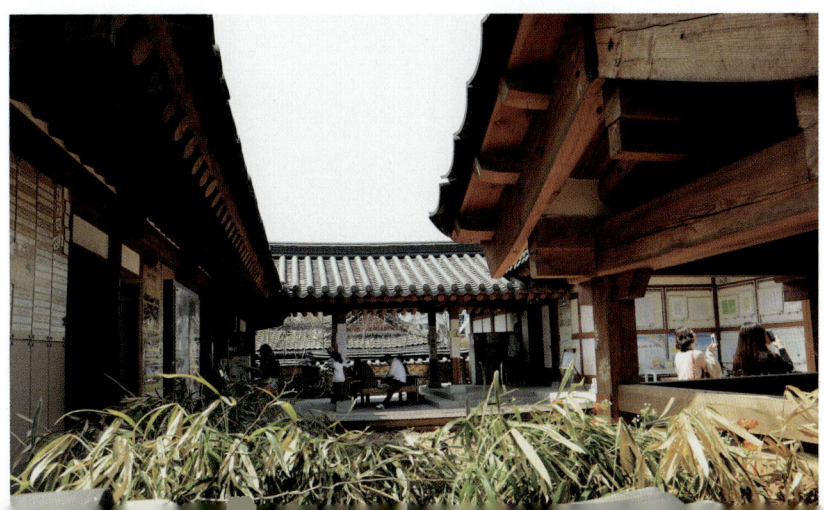

국립무형유산원

국립무형유산원은 2009년 10월, 프랑스에서 열린 유네스코 총회에서 아시아 태평양 지역의 무형문화유산을 보호하고 전승할 필요성을 인정받아 문화체육관광부가 전주에 짓고 있는 건물로, 2013년 개관될 예정이다. 문화유산 분야 중 이 같은 국제기관은 페루와 중국 등 전 세계에 단 두 곳뿐이다.

국립무형유산원은 국내외의 비상한 관심을 끌고 있다. 전주 문화의 자긍심이 어떻게 표출되고 있는지 살필 수 있으며, 전주가 한국을 대표하는 문화도시에서 한걸음 더 나아가 아시아 태평양 지역의 문화 수도가 되려는 의지를 엿볼 수 있는 공간이기 때문이다.

전주 남천 건너, 옛 전북도산림환경연구소 부지 6만㎡의 넓은 땅에 국립무형유산원이 들어섬으로써 전주한옥마을의 외형은 점차 확대되고 있다.

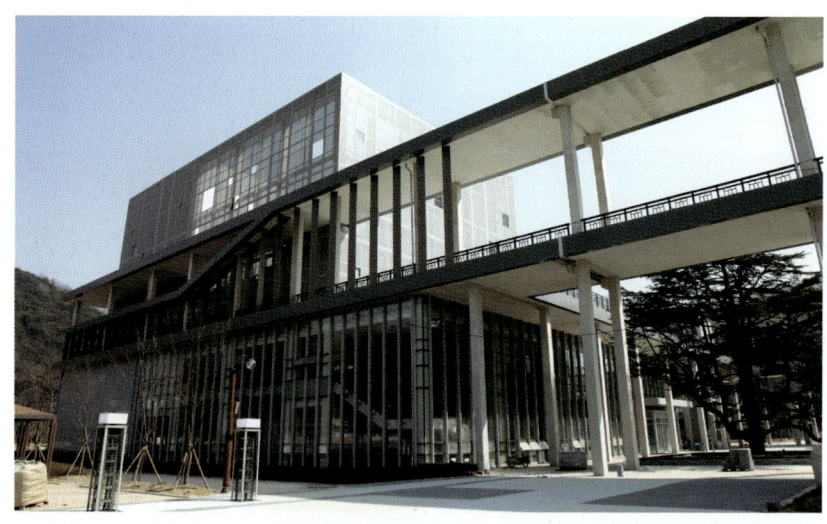

강암 서예관

'강암 서예관'은 강암 송성용의 서예 작품과 유물들을 전시하고 있는 서예관이다. 남천교 바로 앞, 강암이 생전에 살았던 아석재 집터에 마련됐다.

1990년 강암 선생은 서화 작품 및 서예관 부지 등의 소유 재산을 전주시에 기부, 사회에 환원 의사를 표명하여 그 뜻을 기리기 위해 '강암 서예관'을 세웠다.

강암 송성용은 시대를 대표하는 명필로 존경을 받았지만 스스로를 '견문이 좁아 글씨가 먹으로 장난치는 수준'이라고 말할 정도로 겸손한 인물이다. 추사 김정희, 창암 이삼만 등의 서화를 비롯해서 동양화, 서첩, 서적, 간찰(簡札), 인장 등 모두 1162점의 값진 작품들이 전시되어 있다.

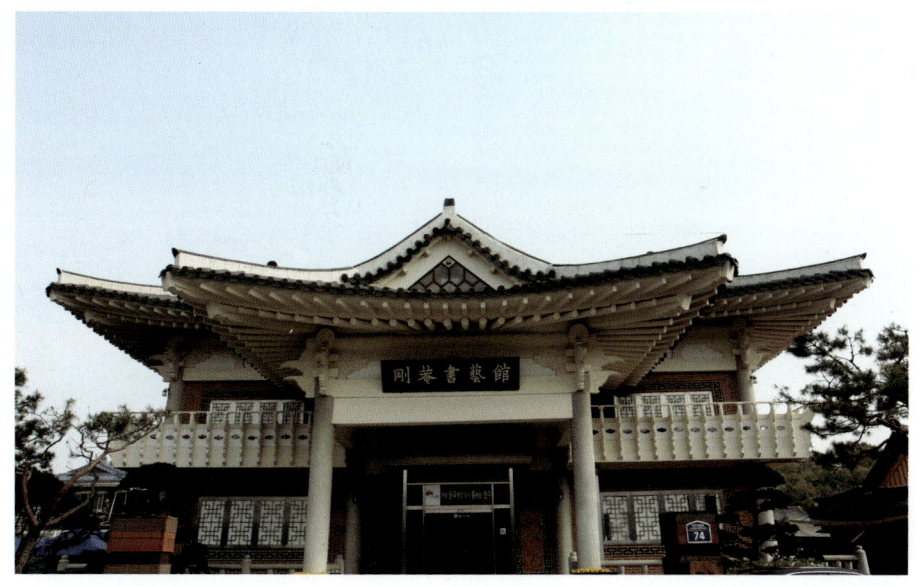

교동 아트센터

'교동 아트센터'는 경기전 동쪽에 자리잡고 있는 전주한옥마을의 대표적인 화랑이다. 미술 · 조각 · 공예 등의 작품 전시가 사시사철 끊이지 않으며, 레지던스 프로그램을 통해 화가들에게 작품 활동에 전념할 수 있도록 지원하는 제도를 계속해서 펼치고 있다.

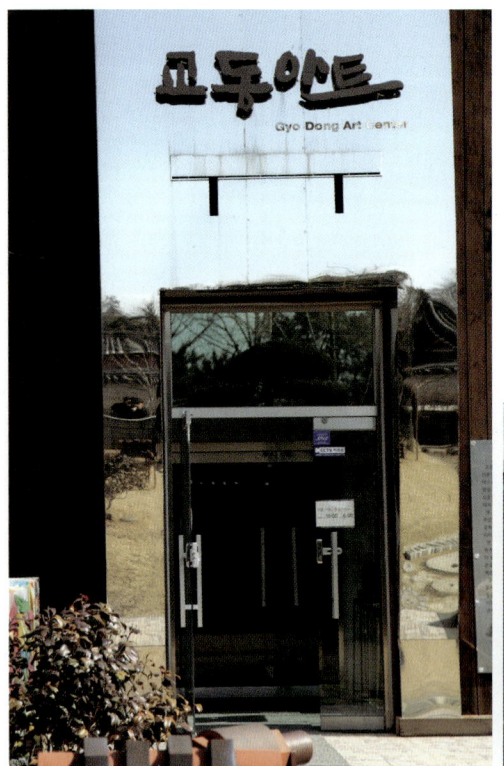

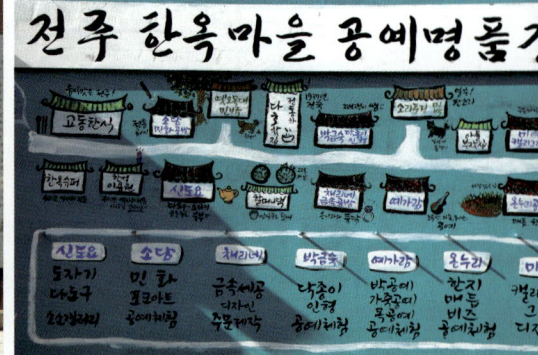

목우헌(木遇軒)

　　오목대 아래 태조로에 있는 '목우헌(木遇軒)'은 대한민국 목공예 명장 김종연의 작업실 및 전시 공간으로 유명하다. 그는 특이하게도 목침(木枕) 분야로 명장 칭호를 받았다. 목우헌은 전통과 현대의 공예작품을 관람할 수 있는 곳으로, 전통 목침, 다식, 약과틀, 서각, 조형 작품 등 생활 용품과 장식품들이 전시되어 있다. 이 곳에서는 서각, 문패 만들기 등 목공예 체험을 즐길 수 있다.

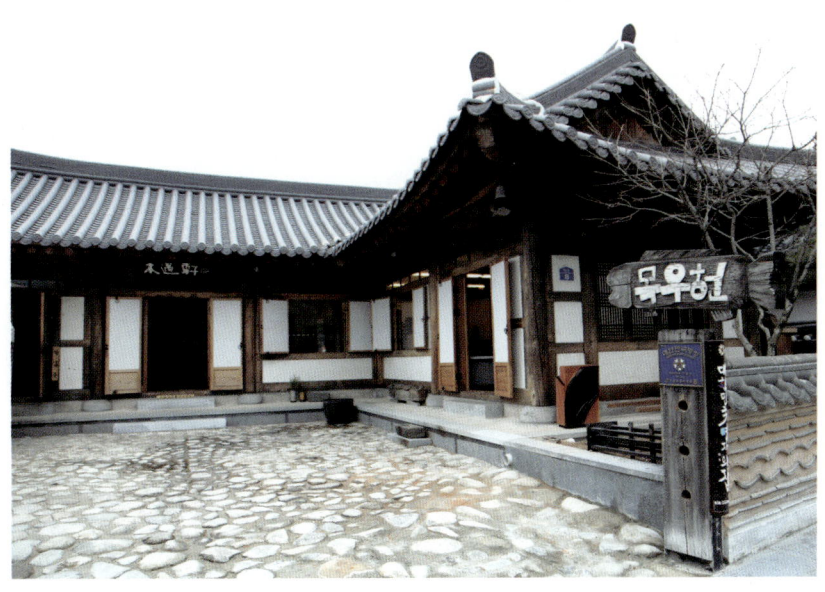

동학혁명 기념관

'동학혁명 기념관'은 전주의 유서 깊은 은행나무 맞은편에 있다. 1995년, 동
학혁명 100주년을 기념하고 혁명 정신을 기리기 위해 '천도교중앙총부'와 '동
학혁명 100주년 기념사업회'가 건립했다. 이 곳에는 대선사 수운 최제우 선생의
모습, 생가터와 유허했던 곳의 사진들, 사발통문 작전 명령서와 지도 등 동학혁
명과 관련된 각종 자료가 전시되어 있다.

전주한옥마을에는 이 밖에도 각종 기념관과 미술관이 길마다 빼곡하다. 모
든 길은 이들 공간으로 통한다. 그만큼 한옥마을은 문화적으로 풍성한 곳이기
도 하다.

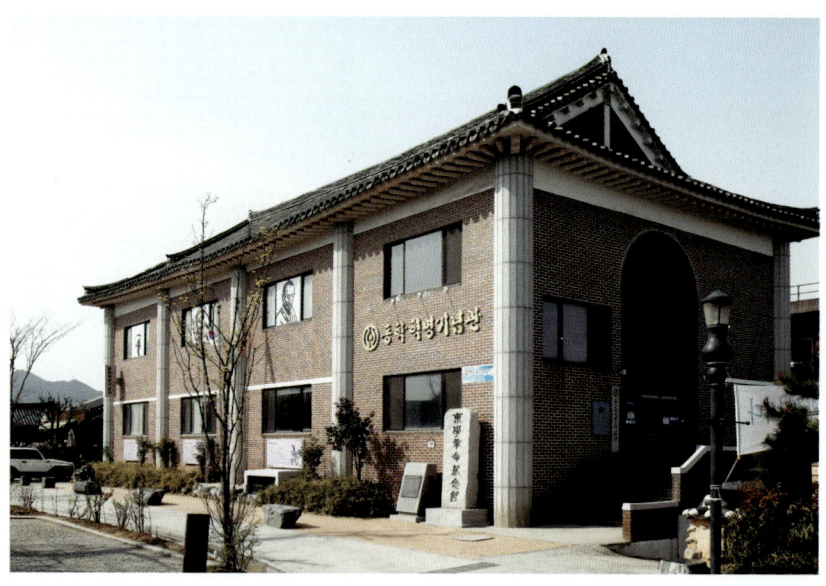

전주전통문화연수원

　'전주전통문화연수원'은 전통문화와 관련된 교육과 연수, 그리고 출판 일을 도맡고 있는 시 산하기관이다. 전주동헌 풍락헌과 김제 장현식 고택·정읍 고택·임실 진참봉 고택 사랑채 등을 활용하고 있는데, 모두 전주동헌의 앞과 좌우에 들어서 있다. 장현식(1896~1950)은 독립운동가이자 사회사업가·정치가로 명성을 떨쳤던 인물로, 그의 고택은 1930년대 김제 금구에 지어졌던 전통 한옥이었다. 이후에 전주시가 전주한옥마을로 이축했다.

　전주전통문화연수원은 한국인이 반드시 알아야 할 2학 3례(二學 三禮)에 대한 문화 연수를 담당하고 있다. '이학'은 한국의 사상과 고전을 의미하고, '삼례'는 선비들의 예법에 관한 것으로 '사상견례(士相見禮)'와 바른 음주문화를 익히는 '향음주례(鄕飮酒禮)', 그리고 활쏘기를 통한 호연지기 양성을 위한 '향사례(鄕射禮)'를 포함한다.

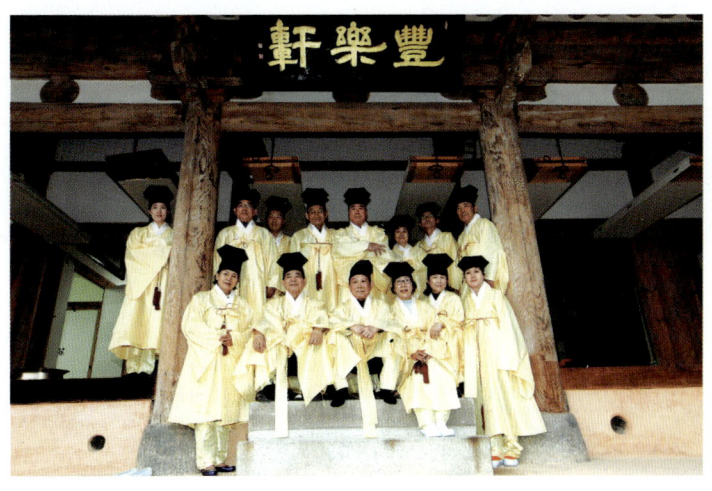

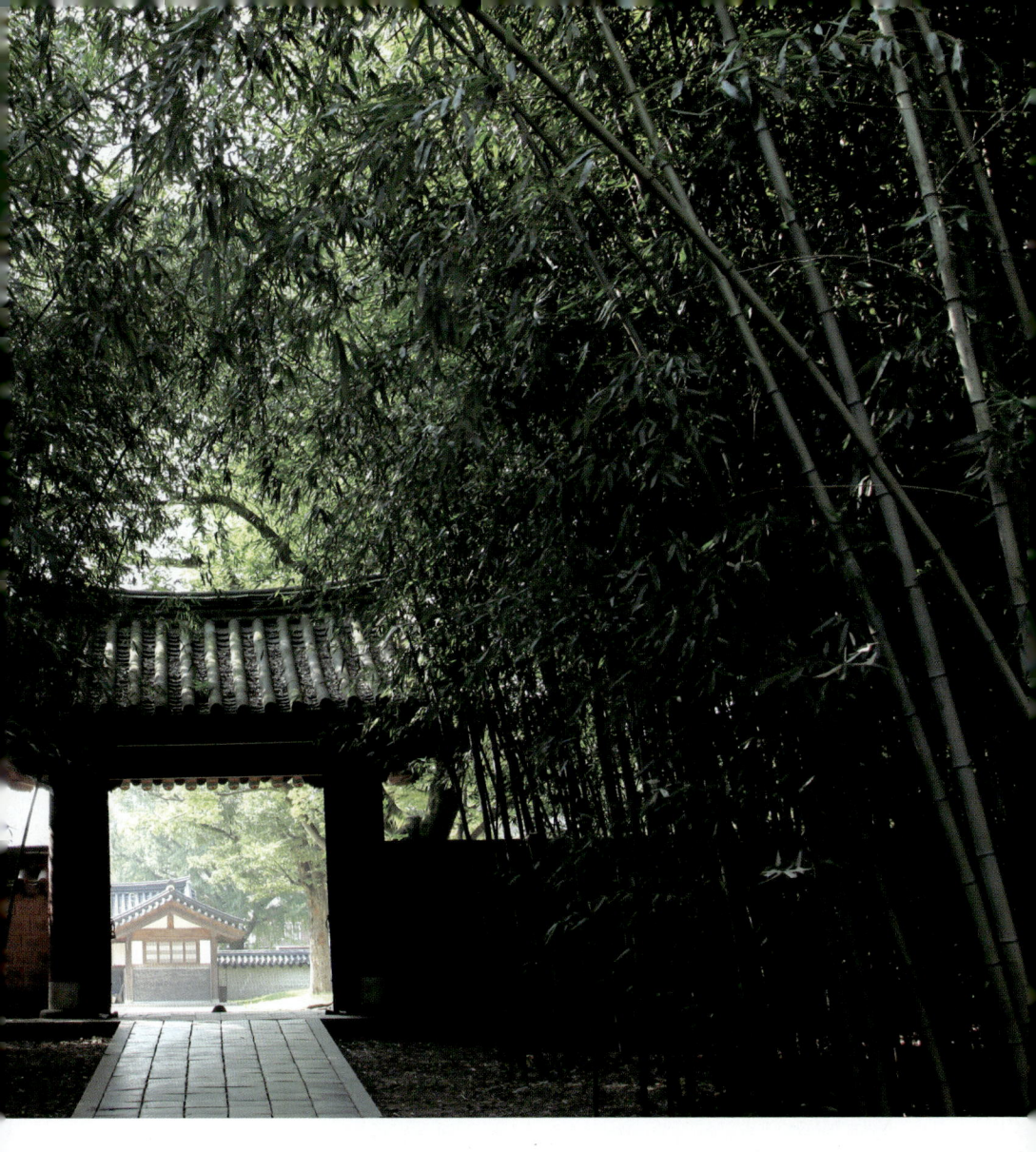

전주한옥마을에 수여된
훈장들

한국관광의 별

2010년, 전주한옥마을은 '한국관광의 별'로 지정되는 영광을 누렸다. 국가가 직접 나서서 이런 제도를 시행한 이후 첫 번째 수상이다. 한국관광의 별은 문화체육관광부와 한국관광공사, 한국관광협회, 한국여행작가협회 등 6개 기관이 우리나라 관광 발전에 기여한 개인 또는 단체에게 주는 상이다. 전주한옥마을은 관광 시설 분야에서 수상했다. 2010년 당시, 수상 선정 이유는 다음과 같다. 물론 현재에 이르러서는 그 수치가 적지 않게 달라졌다.

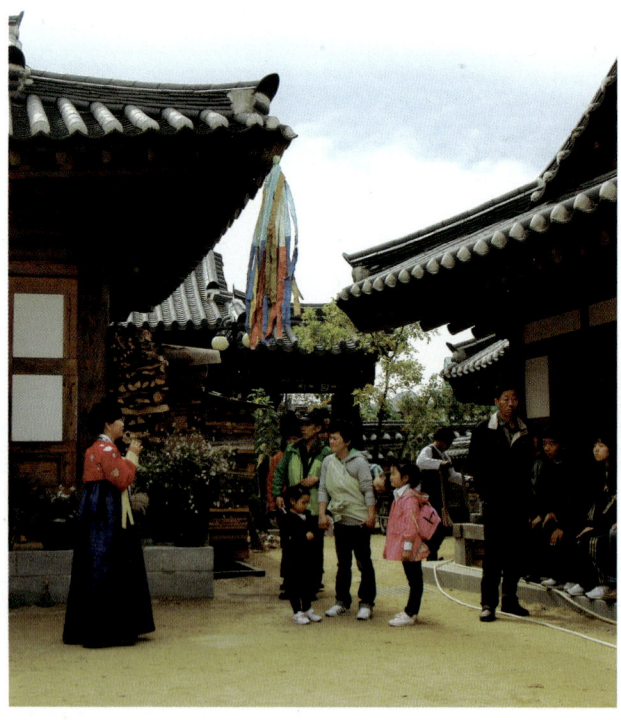

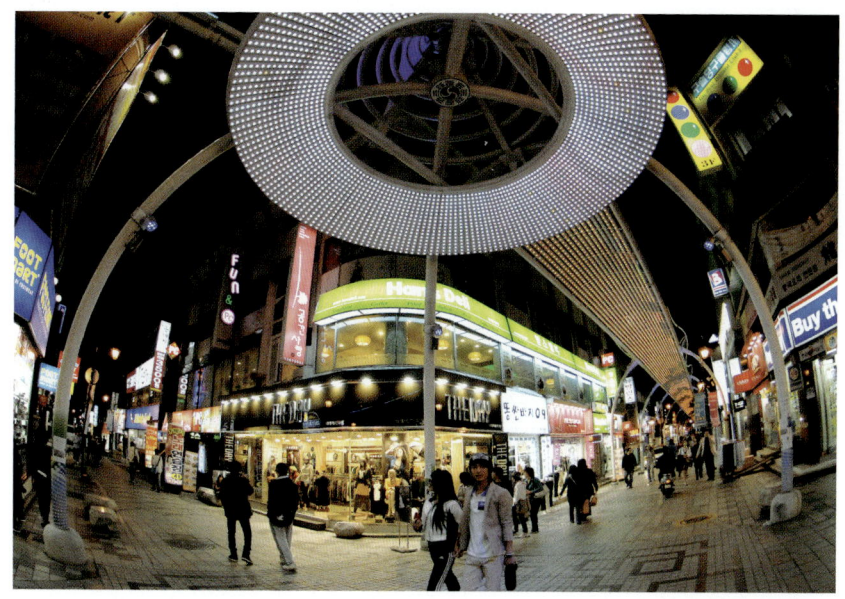

전주 걷고 싶은 거리

1930년대부터 1960년에 이르는 근대 도시 한옥의 변천사와 시민생활사를 읽어낼 수 있는 살아 있는 박물관이다. 인구 4000명, 세대수 995, 건축물 779동(한옥 658동, 비한옥 121동)의 주민 정주 공간을 자연스럽게 살리는 동시에 한옥의 특색과 아름다움을 보존하면서 연 280만 명이 찾는 도심 내 생활관광지를 만들어 냈다. 지역 예술가와 주민, 공예 장인 등 민간이 참여하는 체험 프로그램도 활성화되어 있다.

한옥마을이 한국관광의 별로 지정된 데에는 한옥 자체가 지닌 가치 때문이었 겠지만 자연 환경도 분명 한몫을 담당했을 것이다. 전주 8경이며 10경이 그 좋은 예다. 자연 환경은 한옥과 더불어 한옥마을을 '별'로 부르게 만든, 공짜로 제공된 것이면서도 가장 값진 선물 가운데 하나가 됐다.

국제 슬로시티

전주한옥마을은 우리나라에서 일곱 번째, 대도시로서는 첫 번째로 국제 슬로시티에 선정되었다.

'시티(City)'라고는 하지만, 전주한옥마을보다 앞서 슬로시티로 지정된 우리나라의 '시티'들은 모두 농어촌이나 산간의 시골 마을이다. 그도 그럴 것이 대도시 삶의 방식에는 가속 페달만 남아 있고 속도를 제어할 수 있는 브레이크는 이미 떨어져 나간 것처럼 보이기 때문이다. 그런데 비록 한옥마을에 국한되긴 했지만 전주가 슬로시티로 지정된 사실은 놀랍고도 신선하게 여겨진다. 2013년, 국제 슬로시티 가입국은 25개국 150개 도시에 이르는데, 인구 50만 이상의 대도시가 가입된 것은 전주한옥마을이 처음이다.

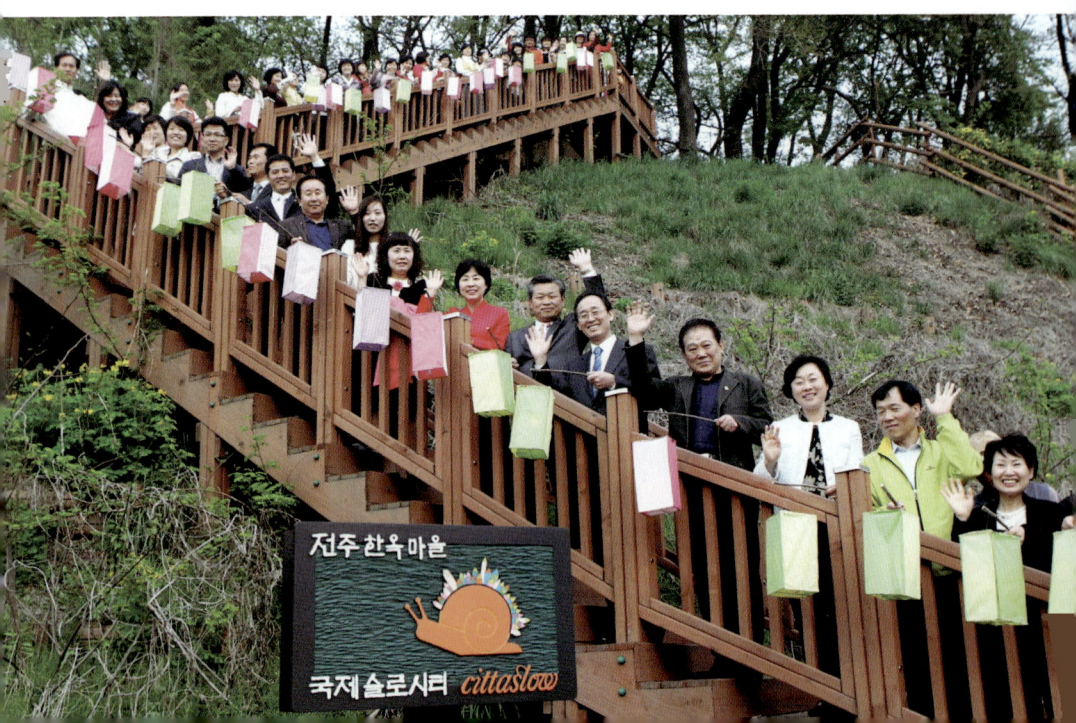

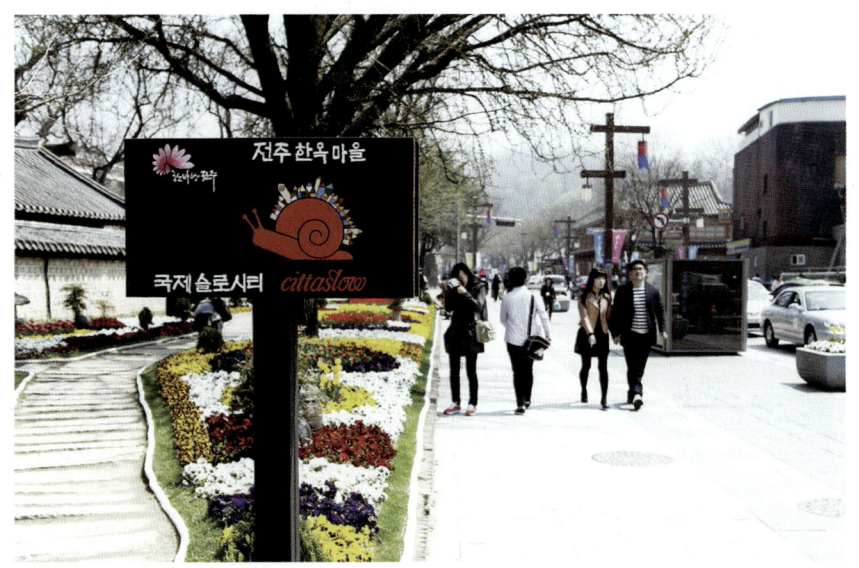

국제 슬로시티에 선정된 것은 대도시로서는 전주시가 첫 번째이다.

　국제 슬로시티의 평가 기준은 환경 정책·기반시설 정책·도시 품질을 높이는 기술과 설비·지역 전통산업과 슬로푸드·방문객 환대 능력·주민들의 의식 수준 등의 6개 대분류와 52개의 소분류 항목에 의한다. 즉, 지역의 전통과 생태가 잘 보존되었는지, 전통 먹거리가 있는지, 지역 주민에 의한 다양한 지역 공동체 운영이 전개되고 있는지가 무엇보다 중요한 요건이다.

　그 동안 전주를 향한 발걸음이 뜸했던 데에는 열악한 교통 환경도 한몫을 했다. 전주 사람들의 자조 섞인 푸념에 의하면, 전주는 전국 어느 도시에서든 가장 먼 곳으로 떨어져 나갔기 때문이다. 그건 전국의 큰 도시들이 대부분 갖추고 있는 공항이 전주에 없다는 불만이기도 하다. 그런데 역설적으로는 전주에 공항이 없었기에 슬로시티로 지정될 수 있었는지도 모른다. 그리고 슬로시티로 지정되자마자 외국인이든 내국인이든 그 먼 곳까지 발품을 팔아가며 기꺼이 찾아가기를 마다하지 않는다.

유네스코 음식창의도시

조선 시대 벼슬아치 중 감사로 으뜸은 '평양감사', 관찰사로 으뜸은 '전라도 관찰사'라는 우스갯소리가 있다. 평양감사는 기생 때문이며 전라도 관찰사는 물산이 풍부해서라고 한다. 기생 때문이라는 평양감사는 몰라도 전라도 관찰사의 경우는 충분히 수긍할 만한 얘기다.

전라도 음식, 특히 전라도 관찰사가 상주하는 곳인 수부(首府) 전주의 음식 역시 그 풍부한 산물을 바탕으로 독특하고도 맛깔나는 음식으로 발달할 수 있었다. 더구나 조정에서 막중한 임무를 띠고 내려와 만백성의 생사여탈권까지 쥐고 있는 관찰사를 비롯한 전주부윤, 양 기관의 육방관속이며 아전, 그 많은 병사들까지 다 입맛을 맞춰 내려면 보통의 노력으로는 되지 않을 일이었다. 농사지을 토지가 부족한 지역에서는 아무래도 쌀, 보리, 콩 등의 주곡 생산에 매달려야 하는 상황 때문에 참깨, 들깨, 파, 마늘 등의 각종 양념류 재배는 꿈도 꾸지 못하는 경우가 많았다. 그러니 상에 올라오는 국과 반찬이 입에 거칠고 혀에 쓸 것임은 자명해진다.

전주에서는 사정이 달랐다. 고단하고 신산한 백성의 삶은 봉건 시대 누구든 피할 수 없는 운명이었으되, 밭고랑이 아닌 밭둑에나마 들깨 한 줌 심어놓으면 입이 달고 혀가 춤을 출 일이 생기곤 했다. 온갖 양념이 한데 섞여 이뤄 내는 놀라운 조화, 그리고 산과 바다와 평지에서 생산되는 다양한 식재료의 배합, 또한 그것들을 오랜 손맛으로 익힌 경험……. 그게 전통적인 전주음식의 비밀 전부다.

2012년, 유네스코는 전주를 '음식창의도시'로 선정했다. 전 세계를 통틀어 네 번째로 지정된 영광스러운 훈장이다. 이탈리아나 프랑스, 일본 등 세계적으

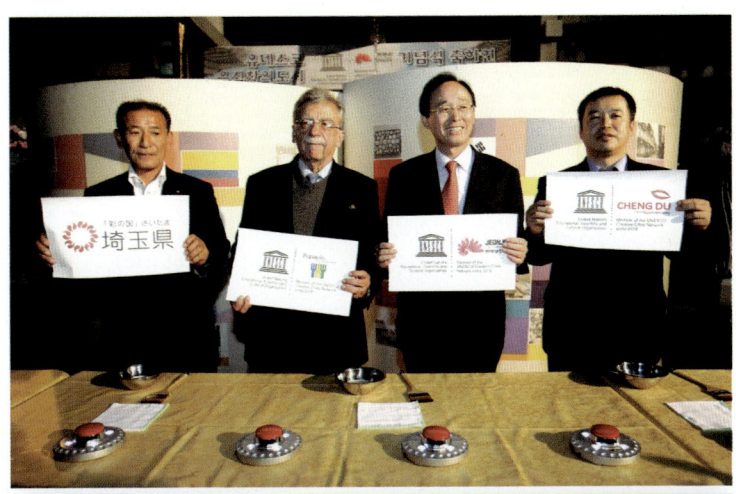

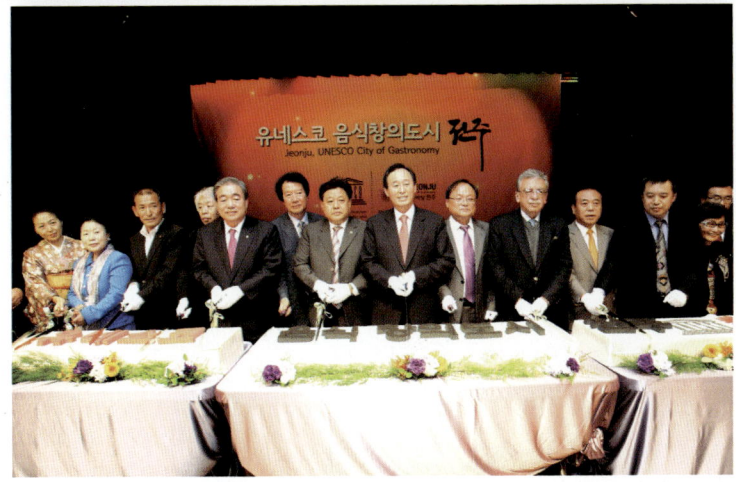

로 널리 알려진 음식 도시와 어깨를 나란히 해도 좋다는 자격증 같은 것이기도 하다. 유네스코가 수여한 이 대단한 칭호는 앞에 언급한 전통적인 전주음식의 비밀, 그것에 대한 인증에 다름 아니다.

　전주한옥마을의 음식은 이제 전주음식을 대표한다. 싫든 좋든, 음식에 대한 평가는 거의 대부분 타 지역민들로부터 규정되는 것이기에 그렇다.

《미슐랭 가이드》 최고 평점

타이어 회사 미슐랭이 매년 봄 발간하는 세계적인 권위의 식당·여행 안내서가 바로 《미슐랭 가이드》다. 평점도 평점이지만 선정 기준이 까다롭기로도 유명하다. 사전에 알리지 않고 심사위원들이 몰래 현장을 방문해서 많은 항목에 걸

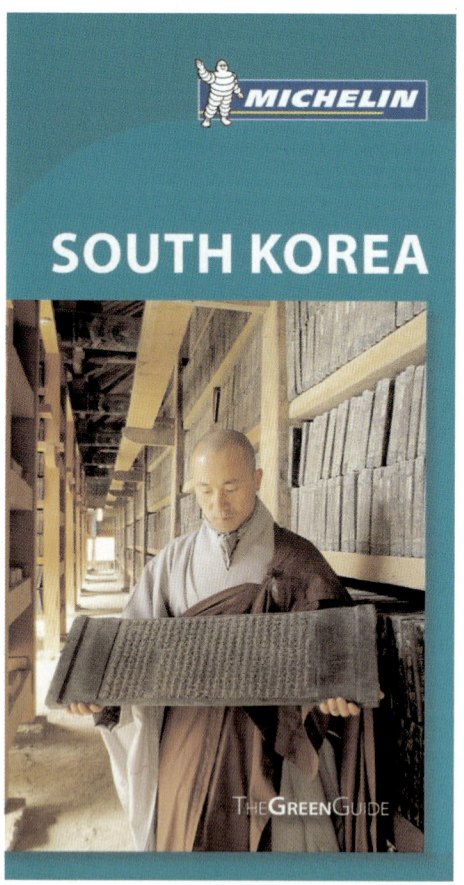

쳐 점수를 매기기 때문에 그 객관성이나 공정성에서도 세계가 인정하고 있다.

《미슐랭 가이드》의 평점은 '별'로 표시되는데, 별 하나는 흥미로운 곳, 별 두 개는 가 볼 만한 곳, 별 세 개는 가 보지 않으면 후회하는 곳이라고 한다. 별 세 개가 만점이다. 전주한옥마을은 2011년 5월, 《미슐랭 가이드》로부터 최고 평점인 별 세 개를 받았다.

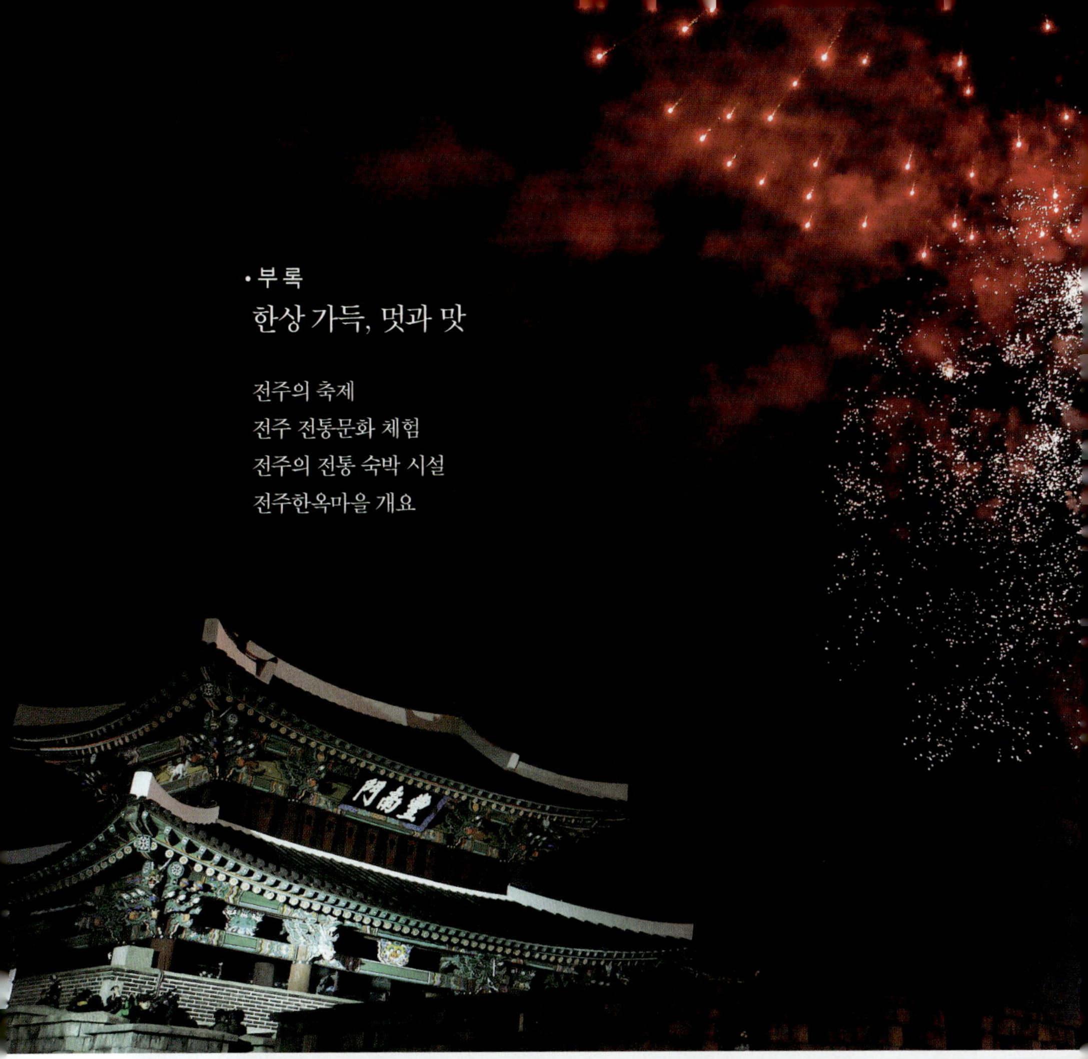

•부록
한상 가득, 멋과 맛

전주의 축제
전주 전통문화 체험
전주의 전통 숙박 시설
전주한옥마을 개요

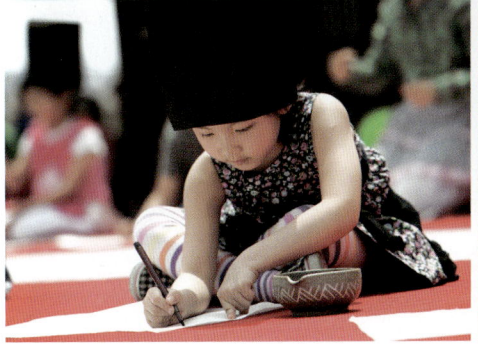

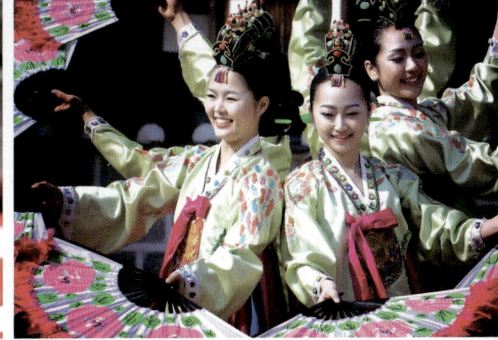

전주의 축제

• 전주국제영화제

　전주국제영화제는 부분 경쟁을 도입한 비경쟁 영화제로, 2000년에 처음으로 개최되었다. '자유, 독립, 소통'을 슬로건으로 기존 영화적 관습에 얽매이지 않는 다양한 영화를 즐길 수 있는 영화제, 관객 스스로 사고하면서 나아가 타인과도 소통할 수 있는 영화제를 지향하고 있다. 해마다 4월 말~5월 초 사이에 전주 영화의 거리와 전주한옥마을 일대에서 열린다.

영화의 거리

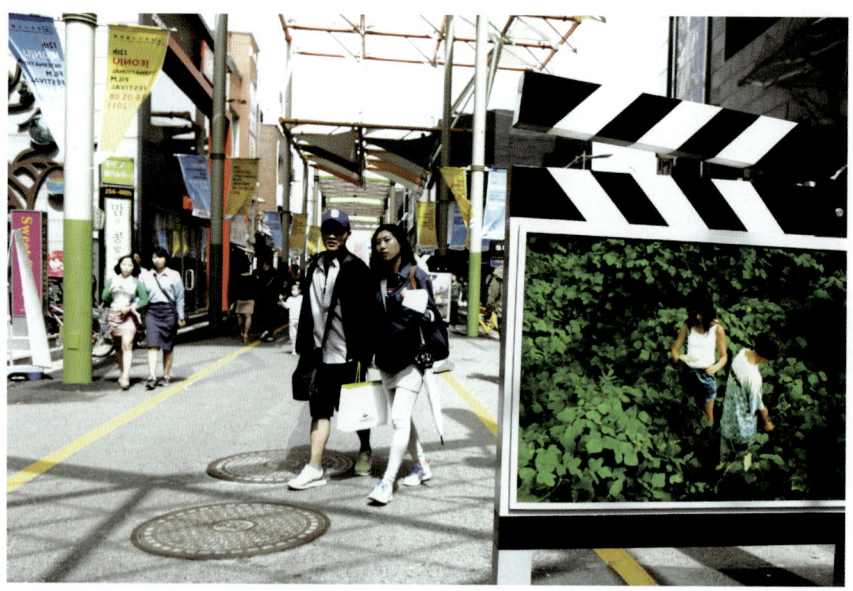

- 전주대사습놀이

　전주대사습놀이는 판소리, 농악, 민요, 기악 등의 분야로 나누어 신예 국악인을 뽑는 최고의 대회다. 조선 숙종 때부터 시작돼 유서도 깊다. 원래는 동지 무렵, 전라감영과 전주동헌에서 각각 초빙한 소리꾼들이 모여 서로 소리 경쟁을 하던 놀이였던 것으로 알려져 있다. 그만큼 전주는 판소리의 중심 도시였다. 농악도 예외는 아니다. 전주를 중심으로 좌측 지역, 곧 임실·진안 등 산악 지역에서 발달한 농악이 '좌도농악'이고, 우측의 익산·김제·부안 등 평야지에서 발달한 농악을 '우도농악'이라고 부를 정도로 농악의 중심지 역시 전주였다. 좌우도의 구별은 한양 조정에서 볼 때 왼쪽인가 오른쪽인가 하는 기준으로 정해진 것이다.

전주대사습놀이의 한 장면

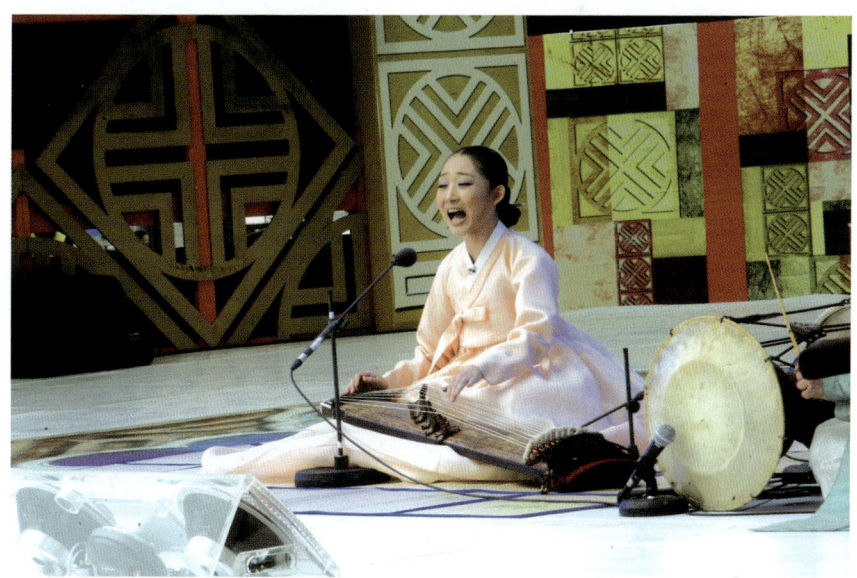

• 비빔밥축제

"한(韓)바탕 전주, 세계를 비빈다"는 전주시가 내건 슬로건이다. 전주비빔밥을 염두에 두고 있는 것이다. 해마다 10월이면 전주한옥마을 일대에서는 이 비빔밥축제가 열린다. 전주에서 맛볼 수 있는 모든 형태의 비빔밥, 예를 들면 돌솥비빔밥이며 육회비빔밥, 콩나물비빔밥 등을 제대로 맛볼 수 있는 축제이기도 하다. 요즘 들어 비빔밥은 '상생'과 '화합'을 상징하는 음식으로도 곧잘 인용되기도 하는데, 이 비빔밥축제에서는 많은 이들이 함께 모여 대형 솥을 걸고 비빔밥을 만들어 먹기도 한다. 2012년 축제에서는 2012명분 비빔밥을 만들어 화제가 되기도 했다.

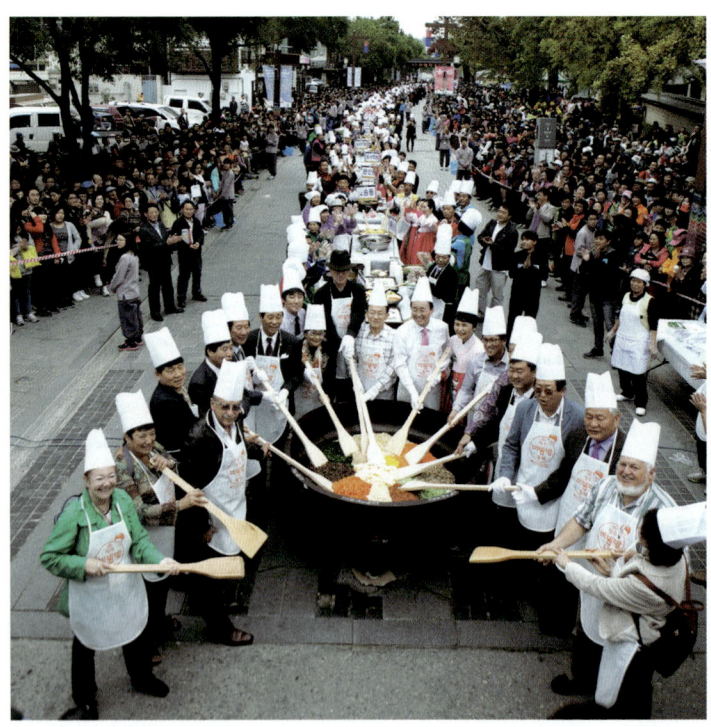

- 발효식품 엑스포(한국음식관광축제)

발효식품 엑스포는 '한국음식관광축제' 라고도 한다. 2012년에 10회를 맞았으며, 발효식품 기업의 비즈니스 활성화를 목표로 시작됐다. 국내외 대표적인 발효기업 전시, B2B 무역 상담, 우수상품 선정, 세계 발효마을 연대회의, 국제발효컨퍼런스, 발효교육 문화체험 등의 프로그램을 진행한다.

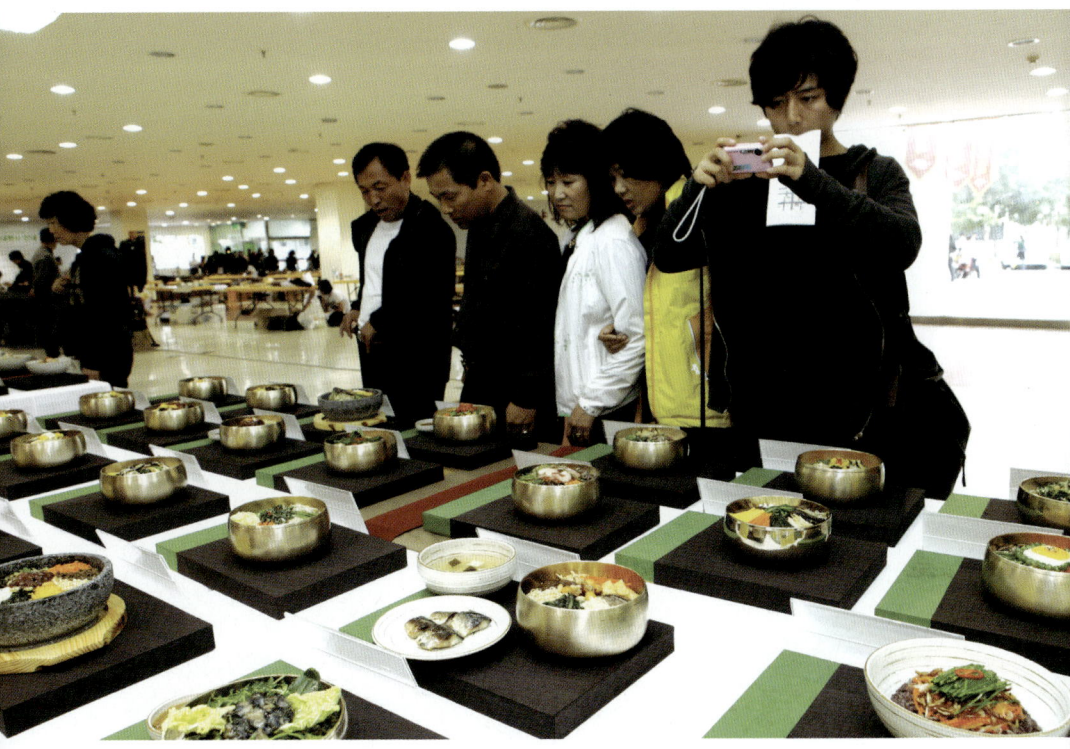

• 전주한지문화축제

　한지의 고장 전주에서는 한지의 우수성과 전통성을 대내외적으로 홍보하기 위해 매년 5월경 전주한옥마을 전주공예품 전시관 일원에서 한지축제가 열린다. 화려하고 수려한 한지 컷팅쇼를 시작으로 한지 퍼포먼스, 전국 한지공예대전, 초대작가전, 기접놀이, 한지 패션쇼 등이 펼쳐진다. 한지 패션쇼는 국내외 디자이너 수십 명이 참가해 한지로 만든 파티복, 태권도복 등 한지를 이용한 다양한 패션쇼를 선보인다.

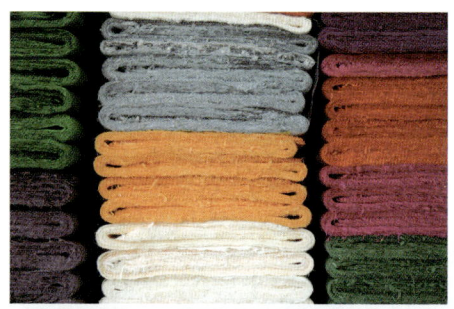

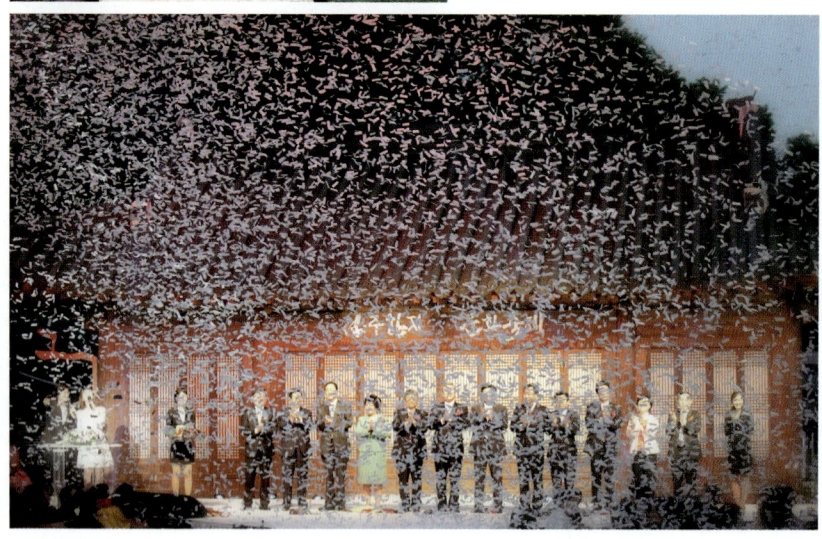

- 전주세계소리축제

'소리'의 고장 전주에서 한국 전통음악을 알리고 세계의 음악적 유산과 폭넓게 교류하며 소통하기 위해 매년 전주세계소리축제가 10월에 개최된다. 전주세계소리축제는 영국의 저명한 월드 뮤직 전문지인 《송라인즈(Songlines)》에서 뽑은 '세계 최고의 월드 뮤직 축제 25'에 2년 연속 선정됐다. 전주세계소리축제가 2년 연속 쾌거를 거둔 데에는 국악과 판소리를 중심으로 본연의 개성과 색깔을 가진 한국의 대표적인 국제음악 축제로서 세계적으로 그 가치와 발전 가능성 및 위상을 입증하는 것이기도 하다. 모로코의 페스 종교음악축제(Fes Festival of Sacred Music, Moroco), 호주의 워매들레이드(Womadelaide, Australia) 등 전 세계 유명 축제들과 어깨를 견주는 정도의 축제로 인정되고 있다.

2013년에는 판소리가 유네스코 세계무형유산으로 선정된 지 10주년을 맞는 해여서 판소리를 중심에 둔 전주세계소리축제의 가치를 전 세계적으로 알릴 수 있게 됐다.

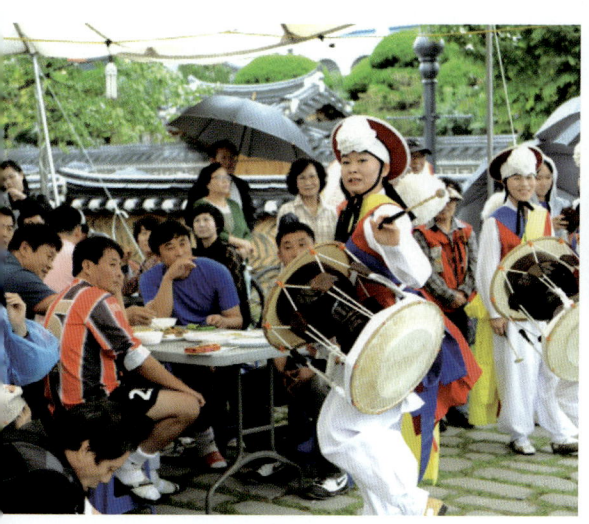

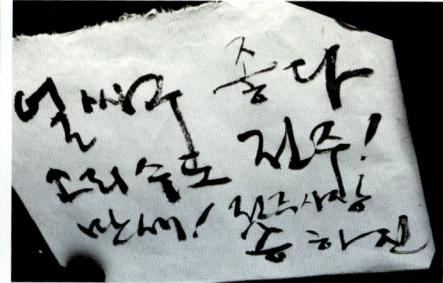

전주 전통문화 체험

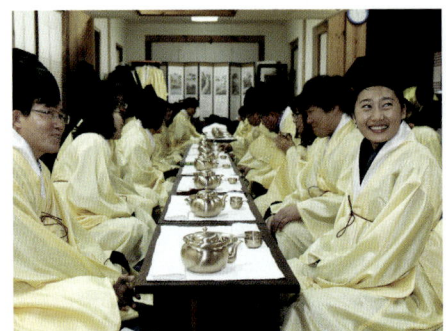
전주전통문화연수원 체험

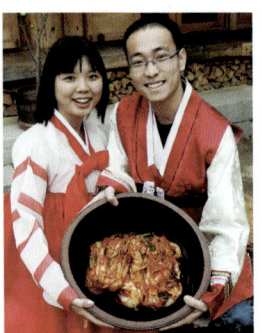
김치 만들기 체험

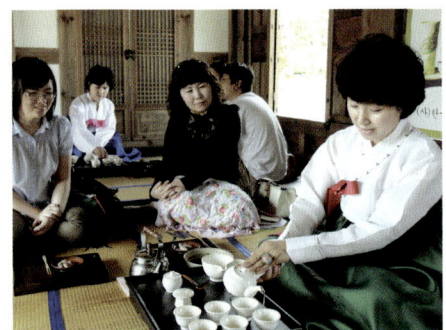
다도 체험

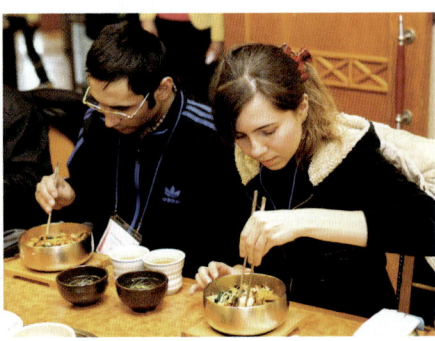
비빔밥 체험

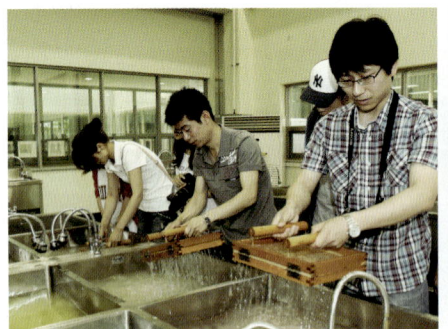
한지뜨기 체험

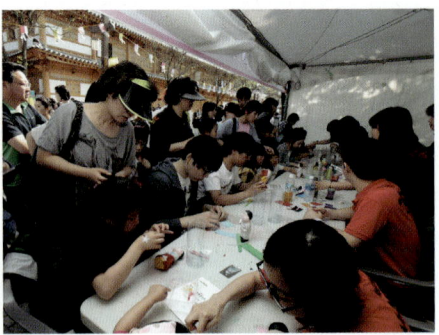
한지공예 체험

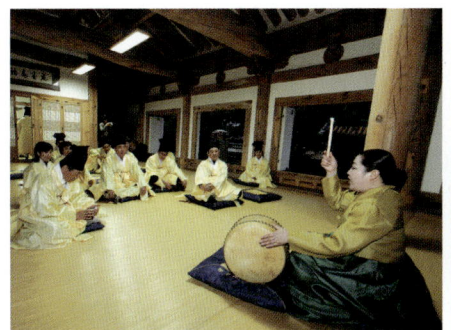

소리 체험

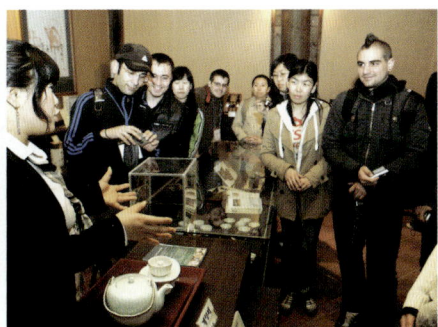

술 체험

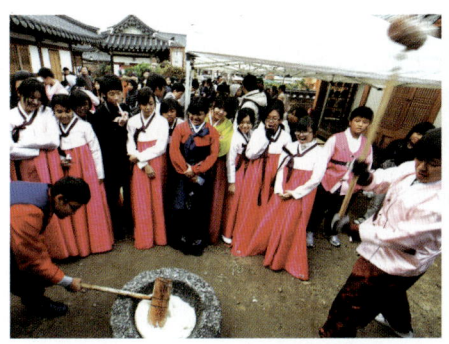

전통 떡 인절미 체험

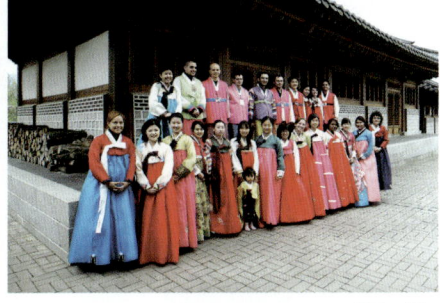

한복 체험

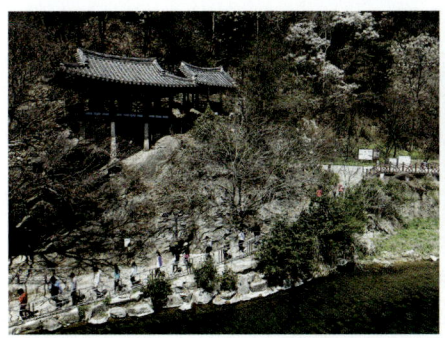
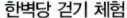

한벽당 걷기 체험

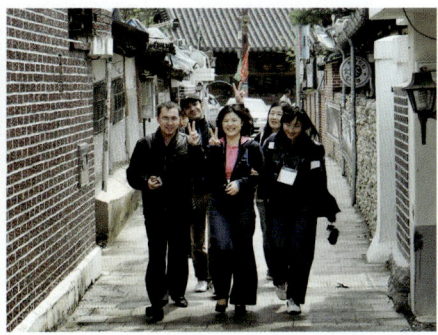

골목길 체험

전주의 전통 숙박 시설

전주한옥마을에 들어서 있는 숙박 시설은 한옥 호텔, 게스트 하우스, 한옥 체험관, 민박 등 다양한 형태로 운영되고 있다.

● **전주 한옥 생활 체험관**

전주시에서 한옥 숙박 체험을 활성화하기 위해 직접 지은 건물로, 이 한옥 생활 체험관이 들어선 이후 전주한옥마을 숙박붐이 일었다. 숙식뿐 아니라 혼례, 전통음식, 예절, 다도 등 한옥 생활 전반에 관련된 체험을 위주로 운영 중이다. 사랑채와 안채, 대청마루 등으로 구분해서 건물을 앉힌 소박하고 전형적인 전라도 양반 가문의 가옥 형태를 갖추고 있다. 사회적 기업 '이음'이 전주시로부터 위탁 받아 운영하고 있으며, 전주 리베라호텔 뒤편 북쪽에 있다.

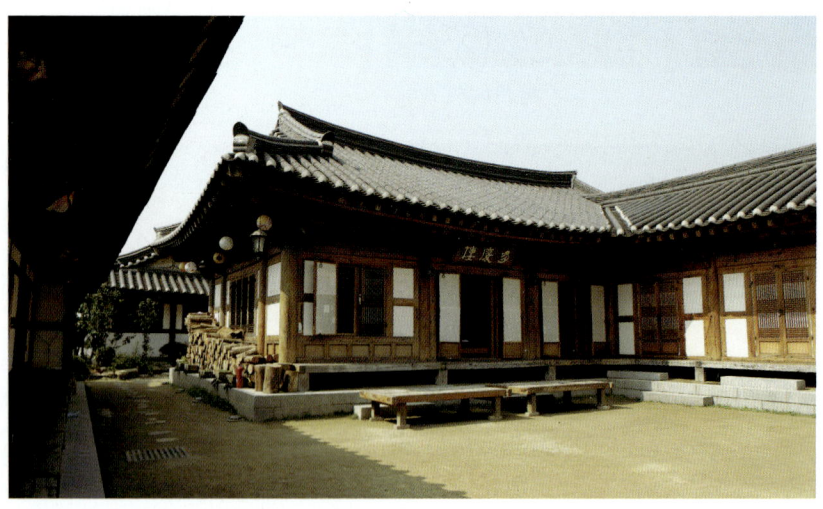

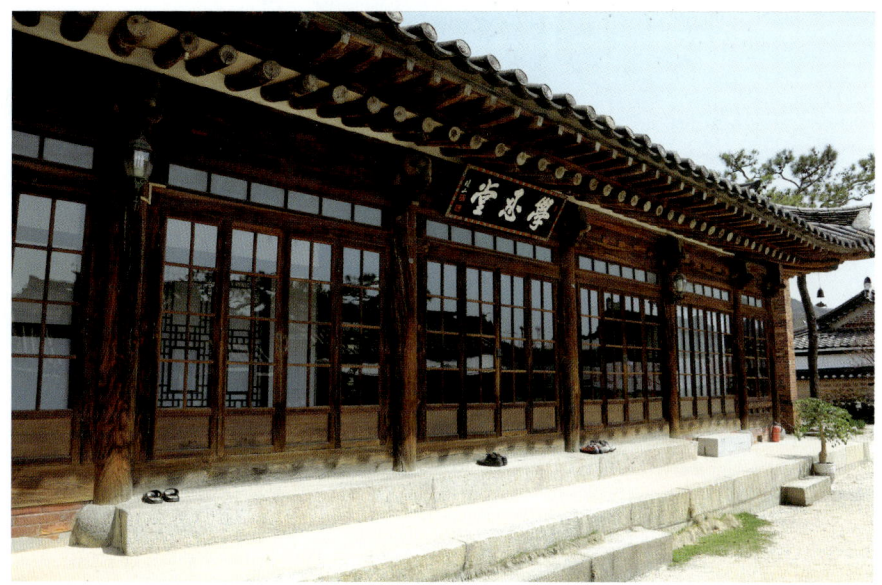

- 학인당(學忍堂)

조선 고종 때 승훈랑 영릉참봉에 임명된 인재 백낙중의 고택이다. 효자로 이름이 났는데, 사후에 이를 기리기 위해 대문에 '백낙중지려(白樂中之閭)'라고 쓴 현판을 걸었다. 집 이름은 호인 '인재(忍齋)'에서 '인(忍)'자를 따 '학인당(學忍堂)'이라고 지었다 한다. 당시 궁궐 목수가 지었다고 하는데, 당시로는 파격적이라고 할 만큼 건물 창에 유리를 쓰기도 했다. 궁중 건축 양식이 비교적 자유스러운 형태로 민간 주택에 도입된 전형적인 예로 주목받고 있다. 전주 성심여고 정문 남동쪽에 있다.

- 양사재(養士齋)

전주향교의 부속 건물 가운데 하나였지만, 가람 이병기 선생이 한때 거주했던 가옥으로 더 유명해진 곳이다. 생전에 가람이 머물면서 시조를 쓰기도 했던 '가람다실' 역시 지금은 객실로 바뀌어 있다. 이 때문에 다른 곳과는 다른 시적

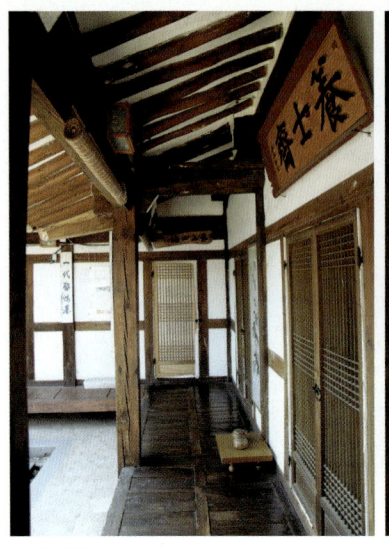

양사재

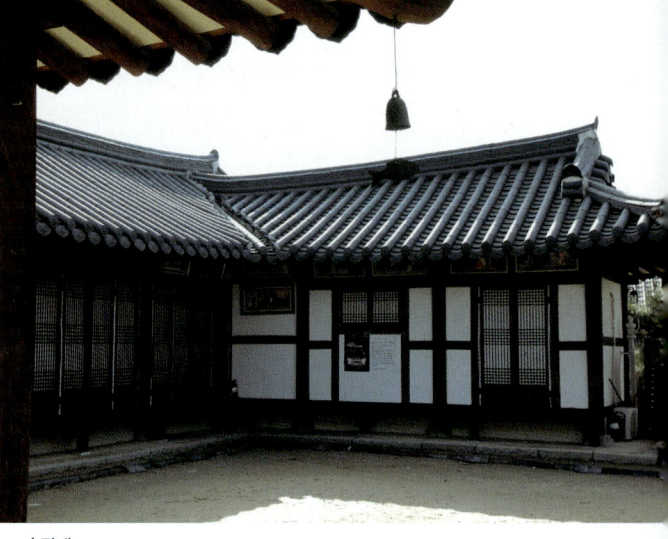

승광재

인 분위기를 맛보려는 이들이 즐겨 찾기도 한다. 오목대가 있는 발산 남쪽 아래에 있다.

• 승광재(承光齋)와 삼도헌(三道軒)

승광재는 고종 임금의 손자이자 의친왕의 아들이었던 마지막 황손 이석(李石)이 거주하는 한옥이다. 이석은 '비둘기 집'이란 유행가로도 유명해진 가수이기도 하다. 승광재 처마 밑에는 궁궐의 모습과 생활을 담은 많은 사진들이 걸려 있어서 방문객들의 눈길을 사로잡는다.

삼도헌은 승광재와 마당을 함께 쓰는 한옥 민박이다. '전주문화재단'이 직접 운영하는 만큼 주말이면 국악을 비롯한 각종 흥미로운 공연이 펼쳐진다. 리베라 호텔 뒤편 남쪽에 있다.

• 귀거래사(歸去來舍)

한옥마을에는 모두 세 채의 이층 한옥이 있는데, '귀거래사'는 전통 방식으로 지어진 이층 한옥 숙박 시설이다. 한옥마을을 둘러싼 발산이며 남고산, 완산칠

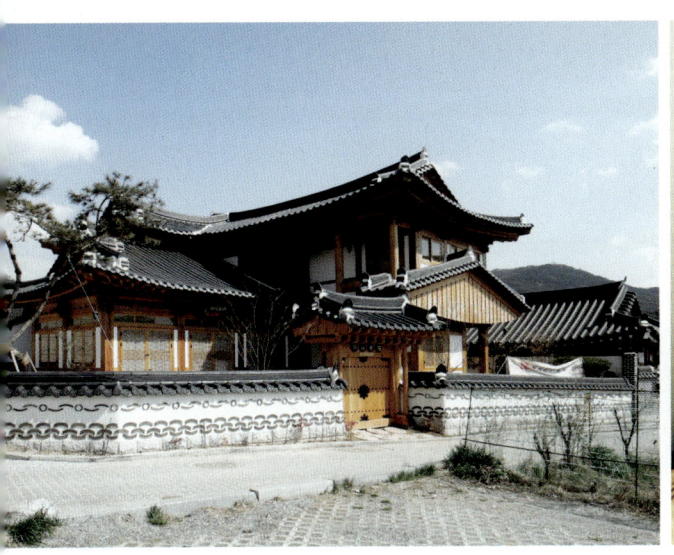

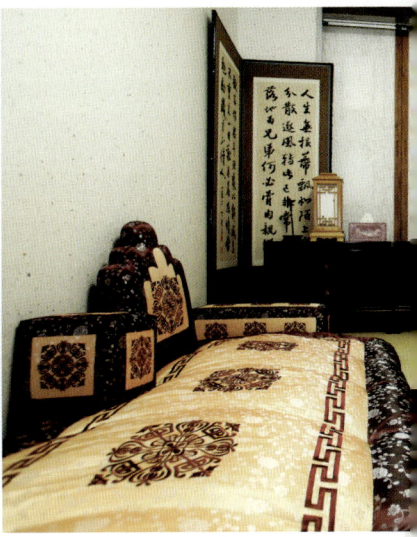

귀거래사

청명헌 안방의 모습

봉 등 거의 모든 산을 조망할 수 있다. 도연명의 '귀거래사(歸去來辭)'에서 끝의 '사(辭)' 자만 '집 사(舍)' 자로 바꾸었다. 도목수 이현종이 시공했으며, 팔작지붕 및 맞배지붕이 서로 이어지듯 연결되어 독특한 조화를 이루는 건물로 정평이 나 있다. 오목대와 전주향교 사이에 있다.

• 청명헌

청명헌은 전주시의 전통 한옥 체험 시설로, 베니키아 한성관광호텔에서 수탁 운영하는 호텔 서비스형 한옥 민박이다. 솟을대문 안으로 들어오면 마당을 사이에 두고 두 채의 한옥이 마주보고 있다. 청명헌은 전통 침구를 제공하고 있어 자녀들의 한옥 생활 체험도 할 수 있다.

아침식사는 '맛의 본고장' 전주의 맛을 충분히 느낄 수 있는 열 가지가 넘는 전주 밥상을 유기 그릇에 제공하고 있다. 예향 전주의 멋을 담은 판소리와 민요를 배워보는 소리 체험, 전주 황포묵을 주재료로 만들어 보는 '소리조리 요리조리' 체험 프로그램이 운영되어, 단체는 물론 개별 여행객들에게 인기가 높다. 국제 슬로시티 전주한옥마을 내 은행로에 자리해 이동도 편리하다.

외국인관광 도시민박업 현황

전주게스트하우스	063-286-8886	전주시 경원동 2가 62
해달별	063-288-4860	전주시 풍남동 3가 34-5 3(6)
천년마루	010-4147-3223	전주시 교동 222-6
그린게스트하우스	010-3671-6187	전주시 전동 2-4
하늘정원게스트하우스	011-322-5989	전주시 전동 187-12 3층
베가 게스트하우스	010-2664-4267	전주시 경원동 2가 40-31
오목대펜션	010-5144-2539	전주시 풍남동 3가 9-5
마르타숙소	010-7392-6987	전주시 교동 59-5
60-6게스트하우스	010-6521-4123	전주시 교동 126-14
해밀	010-8558-0887	전주시 전동 208-5
별빛향	010-7640-4350	전주시 교동 47-12
초정	010-3043-5953	전주시 교동 139
향기나무	010-2338-3015	전주시 교동 186-1
꽃담	010-2981-6763	전주시 풍남동 2가 43-9
성음	010-4110-8290	전주시 교동 141-1
향촌	011-653-4443	전주시 풍남동 3가 84-8
하록당	010-9772-0967	전주시 교동 15-6
돌담집	010-2615-1236	전주시 풍남동 3가 76-8
분	063-254-4704	전주시 경원동 2가 63-3
해오름	063-284-5942	전주시 교동 171-5
기린	063-285-4051	전주시 교동 55-6
예다원	010-5165-8987	전주시 교동 142
도해원	010-8645-1439	전주시 교동 15-19
아리랑 별관	063-283-8880	전주시 교동 45-6
백경	010-3518-0005	전주시 풍남동 3가 59-1
추억나드리	063-286-2500	전주시 풍남동 3가 66-6
숨	010-2599-2490	전주시 교동 177-2
백년가	063-232-6129	전주시 풍남동 3가 16-23
영빈관	063-287-1515	전주시 중앙동 4가 66-3
꼴	063-244-4811	전주시 풍남동 2가 40-3
전주스토리	010-4202-2534	전주시 중앙동 2가 21
촌집	010-5334-5397	전주시 교동 204-1
춤	063-222-2252	전주시 전동 212-2
그림속여유	010-2762-5042	전주시 풍남동 1가 40-6
니어리스트	063-288-4663	전주시 경원동 3가 39-5

2013년 7월 기준

전주한옥마을 개요

□ 일반 현황

- 행정 구역 : 전주시 완산구 풍남동, 교동 일원
- 면적 : 296,330㎡
- 인구 및 가구 : 인구 2,202(남 1,097 / 여 1,105), 세대수 995
- 건축물 현황 : 779동(한옥 658동, 비한옥 121동)

□ 전주한옥마을 지구

구 분	선정 배경
전통한옥 지구	• 도시 한옥의 특성을 지닌 건축물과 골목길이 양호하게 보존되어 있음. • 리베라, 오목대에서의 조망 경관이 양호
태조로 지구	• 풍남문→전동성당→경기전→도시 한옥군을 연계하는 중요한 역할을 수행 • 구도심과 인접하고 있으며, 상가가 이미 형성되어 있어 상가 조성이 유리 • 주변 도시 한옥군의 특성을 살려 보행자 중심의 쇼핑몰 및 전통문화 예술의 거리를 조성하기에 적합함.
은행로 지구	• 은행로를 따라 형성된 지구로 서예관, 동학혁명 기념관 등의 문화 시설이 있음. • 태조로와 함께 전통문화 구역의 중요한 축으로, 전통한옥 지구와 전통문화 지구의 연계하는 역할을 수행함.
향교 지구	• 대부분 향교재단 소유지이며, 진입로 주변에 대해 향교재단의 개별적 정비 계획이 검토되어 있음. • 역사문화재의 보전 및 활용과 더불어 주변의 도시 한옥군을 별도로 다루어야 할 필요가 있음.
전통문화 지구	• 도시 한옥과 최근에 신축된 비한옥 건물이 다소 혼재되어 있는 지역임. • 위의 3개 지구를 제외한 지역임.

해찰을 마치며

전주한옥마을은 일제강점기 시절 일본 상인들의 도심 진출에 맞서 '항일정신' 선상에서 생겨난 우리나라 최대의 도심 속의 한옥마을촌이다.

700여 채나 되는 한옥마을을 보기 위해 한해 500여 만 명에 이르는 사람들이 전주한옥마을을 찾아오는 놀라운 일이 이 곳에서 일어나고 있다. 이는 한동안 개발과 성장의 코드에 따라 정신없이 살았던 바쁜 일상에서 벗어나, 잠시 가슴 한켠에 묻어두었던 순수와 느림의 미학을 전주한옥마을에서 만날 수 있기 때문이다.

그 동안 불편하다고 보기 싫다고 냉대하는 바람에 사라진 한옥이, '스마트 경쟁시대'로 질주하고 있는 이 21세기에도 여전히 '살림집'으로서 우리들의 실생활을 이렇게 생생하고 역동적으로 담아낼 수 있다는 사실에 다들 적잖이 놀라고 있는 것인지 모른다.

이는 전주한옥마을이 영화 세트장 같은 민속촌이나 여느 시골 '집성촌' 같은 그런 목가적인 모습과는 다르기 때문이다. 전주한옥마을은 도시에서는 보기 드물게 골목마다 아이들이 뛰어놀고 집안 웃음소리가 담장 밖으로 실려나오는 살아 있는 일상을 그대로 만날 수 있다. 이런 모습은 잠시 잊어버린 애틋한 고향의 멋과 풍류를 만날 수 있기 때문이다.

전주시도 어느 도시처럼 도시화에 따른 시가지 확장과 주거문화가 급변하는 사회경제적 상황을 맞아 한동안 소란스러웠다. 하지만 전주한옥마을이 이처럼 건재할 수 있었던 것은 전주시가 한옥마을을 보존하려고 적극적으로 주민을 설득하며 지원하고 애쓴 노력의 결정체라고 할 수 있다.

그렇지만 변화의 물살은 예상보다 거셌다. 아마, 유난히 점잖은 양반고을에 조용히 모여 살던 원주민들로서는 실로 감내하기 어려운 '격변'이었을지도 모른다. 그래서 그런지 어느 날부터인가 하나둘 행장을 꾸려서 떠나는 모습도 심심찮게 목도(目睹)되었고, 그 자리에는 다시 새로운 이주민들로 급하게 채워져 나갔다. 그렇게 우리 모두 한동안 정신없이 몸살을 앓고 있었다.

이에 전주시는 교동·풍남동 일원의 도시 한옥군을 우리나라의 대표적인 도시 한옥마을로 유지하겠다는 야심찬 계획을 세웠다. 우리나라 어느 지역에도 도심 속에 이처럼 많은 한옥이 들어서 있는 곳은 없다는 사실을 적극적으로 홍보하였다. 한옥마을의 중요성과 미래 가치에 대해 설득과 자발적인 참여를 유도하였다. 이에 2002년 2월 15일, 전주시 한옥보전지원조례를 개정하여 살고 있는 한옥을 수리할 경우 최고 5000만 원까지 지원을 아끼지 않았다. 이처럼 전주시는 한옥마을을 지원·보전 및 정비하여, 아름다운 문화예술 도시로서 전주를 세계에 알리고 독자성 있는 지역 전통 문화공간을 조성하여 한국의 대표적 문화거점구역으로 육성하기 위해 제정하려는 등 노력을 아끼지 않았다.

전주시의 노력과 함께 대대로 이어 온 전주시민들의 올곧은 선비정신과 전통에 대한 자존감이 강하게 존재하였기에 전주시민들은 한옥마을 계획에 함께 동참하기에 이르렀다. 이는 전주 한식과 전주비빔밥, 판소리 등 전통문화의 맥을 꾸준히 이어 온 풍토와 무관하지 않을 것이다.

이제 전주한옥마을은 우리의 전통주거문화를 직접 체험하고 이해할 수 있는 새로운 명소로 자리잡았다. 덩달아 전주에서는 한옥뿐만 아니라, '한(韓) 스타일'과 '한(韓) 브랜드'라는 새로운 이미지까지 창출되면서, 쇠락을 거듭하던 구(舊)도심권이 활성화되는 계기가 마련되었다. 이는 앞으로 우리나라가 지향하는 현대화와 전통이 융화를 이루며 발전하는 '건강한 도시의 미래'를 제시하고 있다고 할 수 있다.

이번에 펴내는 『전주한옥마을』에서는 처음부터 건축 역사 책이나 박물관에서나 찾아볼 수 있는 전통 한옥을 굳이 재현하려고 하지 않았다. 대신 수천 년 동안 우리 조상들의 몸과 마음을 담아내왔던 옛날 그 한옥이, 급변해 버린 지금 우리들의 현대 생활까지 담아낼 수 있다는, 한옥의 새로운 패러다임(paradigm)을 제시하고자 노력하였다. 그래서 '도시형 한옥'에 초점을 맞춰 나갔다.

조금 전까지 해찰을 하다가 그걸 알게 되었다. 지금도 전주한옥마을에서는 그 동안 낡고 좁고 불편하기만 하다던 한옥이, 다시 우리 곁으로 돌아와 어느새 통째로 변해버린 우리들의 현대 생활을 담아내느라 여전히 부산하다. 그 길목 어귀에서 만난 여러분 모두에게, 그리고 한 해 500만 명이 찾아오는 '전주한옥마을'로 탄생할 수 있도록 이끌어 주고 아낌없는 지원을 마다하지 않은 전주시와 전통과 예를 중시하는 전주시민들에게 감사를 드린다.

빛깔있는 책들 501-12

전주한옥마을

초판 1쇄 발행 | 2013년 7월 31일
초판 2쇄 발행 | 2018년 04월 30일

글 | 이병천, 채병선, 최상철
사진 | 이흥재, 조영호
진행 | 오숙영(전주시 전통문화과 문화지원 담당)

발행인 | 김남석

편 집 이 사 | 김정옥
편집디자인 | 임세희
전   무 | 정만성
영 업 부 장 | 이현석

펴낸곳 | (주)대원사
주   소 | 135-230 서울시 강남구 양재대로 55길 37, 302(일원동 대도빌딩)
전   화 | (02)757-6711, 6717-6719
팩시밀리 | (02)775-8043
등록번호 | 등록 제3-191호
홈페이지 | www.daewonsa.co.kr

이 책에 실린 글과 사진은 저자와 주식회사 대원사의
동의 없이는 아무도 이용할 수 없습니다.

값 9,800원

ⓒ 이병천 · 이흥재, 2013

Daewonsa Publishing Co., Ltd.
Printed In Korea 2013

ISBN | 978-89-369-0278-0
ISBN | 978-89-369-0000-7(세트)

국립중앙도서관 출판시 도서목록은 e-CIP홈페이지(http://www.nl.go.kr/ecip)에서
이용하실 수 있습니다. (CIP제어번호 : 2013004388)

빛깔있는 책들

민속(분류번호:101)

고미술(분류번호:102)

불교 문화(분류번호:103)

음식 일반(분류번호:201)

건강 식품(분류번호:202)

즐거운 생활(분류번호:203)

건강 생활(분류번호:204)

한국의 자연(분류번호:301)

미술 일반(분류번호:401)

역사(분류번호:501)